U0858138

大夏书系 · 数学教学培训用书

简單教数学

一个特级教师的小学数学教学智慧

戴曙光——著

华东师范大学出版社
全国百佳图书出版单位

图书在版编目(CIP)数据

简单教数学/戴曙光著.—上海:华东师范大学出版社,2012.8
ISBN 978-7-5617-9838-6

Ⅰ.①简… Ⅱ.①戴… Ⅲ.①数学教学 Ⅳ.①O1

中国版本图书馆CIP数据核字(2012)第187951号

大夏书系·数学教学培训用书

简单教数学

著　　者　戴曙光
策划编辑　朱永通
审读编辑　杨　霞
封面设计　奇文云海
责任印制　殷艳红

出版发行　华东师范大学出版社
社　　址　上海市中山北路3663号　邮编200062
网　　址　www.ecnupress.com.cn
电　　话　021-60821666　行政传真　021-62572105
客服电话　021-62865537(兼传真)
邮购电话　021-62869887　地址　上海市中山北路3663号华东师范大学校内先锋路口
网　　店　http://hdsdcbs.tmall.com/

印 刷 者　运河(唐山)印务有限公司
开　　本　700×1000　16开
印　　张　13.25
字　　数　206千字
版　　次　2012年10月第一版
印　　次　2026年1月第二十四次
印　　数　66101-67100
书　　号　ISBN 978-7-5617-9838-6/G·5819
定　　价　49.80元

出 版 人　朱杰人

目　录

序　建立专属于自己的研究领域

戴曙光老师的新作《简单教数学》值得一读。

20世纪80年代，美国学者舒尔曼系统确立了“学科教学知识”的概念，它是教师的“学科知识”与“教育学知识”的融合。分解开来看，它包括：①教师关于儿童的知识；②教师关于教育的理解；③教师个人的生活经验与实践智慧；④教师的学科知识；等等。阅读《简单教数学》这本书，笔者不仅感受到一个优秀的小学数学教师之所以优秀的理由，也发现在“学科教学知识”方面，普通教师与优秀教师之间存在的差别。“学科教学知识”是教师的独特领域，迥异于学科专家所从事的学术研究领域。只有当教师建立起专属于自己的研究领域——“学科教学知识”的时候，他们才不再是学科专家的依附者，而是拥有独立人格和专业自主权的存在。

笔者也喜欢《简单教数学》这本书案例写作的方式，通过叙说一个个鲜活的教育教学故事，创造着教育的意义与价值。比如，“一碗米粉的‘药效’”、“他为什么会‘差’”、“我是坏人吗”等教育故事，都融入了戴老师对自己生命成长经历的反思。从中悟出的教育教学的道理，使他懂得尊重学生的独特性，保护学生的自尊心，即使遇到“问题学生”也不离不弃。又如，“从喜欢打架到喜欢学习”、“‘牛肉丸’的启示”、“‘赌’出来的自信”等案例，把戴老师“一把钥匙开一把锁”、因材施教的实践智慧表现得淋漓尽致。再如，“上课最不专心的学生”、“老师，他偷做作业”、“优秀学生的复习方法”等案例，是戴老师对学生个体如何理解数学和如何学习数学的研究。因此，戴老师的教学改革的“点子”总能得到孩子们的信任和支持。

戴老师了解学生有两条基本途径：“一是经常与学生‘混’在一起，课间与学生聊天，放学时与学生打篮球，大课间活动时与学生一起跳绳……学生是我的知心朋友，学生的喜好与困难在我面前都会流露出来，我对学生的情况也就了如指掌；二是课内尽量给学生提供展示的舞台，让他们暴露自己的想法，从而采取有针对性的策略。”了解学生之所以至关重要，是因为教师知识的核心是对儿童的理解。在课堂上了解学生之所以至关重要，是因为它是在课堂上把教师的教学与教师的研究融合为一体的必要条件。把了解学生、研究学生当作每天必修的“功课”，在心目中时刻装着具体的而不是抽象的学生，懂得启发和欣赏学生思想的力量并乐意为之提供帮助，是戴老师能够从普通教师成长为优秀教师、专家型教师，并深受他的学生喜欢和爱戴的真谛。

戴老师擅长案例研究。案例研究的本质是教师的行动＋反思，即教学探究。案例研究以改进教师本身的教学实践为目的，把教学与研究变成一件事情：在教学中研究，在研究中教学。“我关注所有的学生了吗”、“学生会了，教什么”、“探究欲望，在矛盾冲突中产生”……都是戴老师案例研究的主题。通过这种研究，不断把教师的“学科教学知识”表现为鲜活的课堂教学，又不断生成和发展着教师的“学科教学知识”，最终直指学生的个性发展和教师的专业成长。

“把数学课上得更简单一些。”戴老师说，“简单课堂看似简单，却有内涵；看似简单，却有韵味；看似简单，却不简单。”——这是一种境界，一种对良好的数学教育的追求。为了这个共同的追求，笔者愿意抄录卢梭的一句教育箴言，与读者共勉：“问题不在于教他各种学问，而在于培养他有爱好学问的兴趣，而且在这种兴趣充分增长起来的时候，教他以研究学问的方法。毫无疑问，这是所有一切良好的教育的一个基本原则。”（卢梭：《爱弥儿》）

王　永

教育部福建师范大学基础教育研究中心特聘教授

自序　把数学课上得更简单一些

小时候，家里穷，吃得最多的是地瓜和芋头，盼星星盼月亮盼过年，因为过年才有肉吃，吃肉更是成为小时候最渴望的事。长大后，出来工作领工资，一个星期就有好几次肉吃。后来生活水平提高了，许多孩提时的梦想都实现了，吃肉更是成为家常便饭。前几年体检，许多指标都偏高，朋友请客时，不敢再吃太多的肉，专挑孩提时吃的菜，才发现地瓜和芋头是那么好吃。于是，每天都要买一些孩提时吃的东西，倒是讨厌起肉食了。小时候吃地瓜和芋头是因为肚子饿；现在吃，是因为好吃，是一种享受，当然也是为了身体健康。

刚参加工作时，梦想有一部自行车，每个月都要攒下几十元，终于凑足了三百多元，买了一部永久牌自行车，目的是方便出行和上下班。后来，调进城里工作，梦想有一部摩托车，省吃俭用又买了一部摩托车，速度更快更省力，感觉生活水平有了明显提高。再后来，看着同事们一个个拥有了小轿车，梦想有朝一日自己也有一部小轿车，过上现代人的生活。2007年冬天，憋足劲终于拥有了自己的小轿车，舒适多了。不久后却发现，锻炼的机会越来越少，身体各个部位开始出现毛病，又改回骑自行车上下班。自从骑自行车上下班，每天固定要出两身汗，舒服多了。当然，骑自行车还是为了身体健康。

回首二十多年的数学课堂教学经历，上过“失败课”、“表演课”、“精彩课”、“研讨课”、“示范课”、“名师课”，简单地说，可概括为“简单课—复杂课—简单课”。

原来，我的课堂也是从“粗茶淡饭”开始，到“山珍海味”，又回到“粗茶淡饭”的。

刚出道时吃“粗茶淡饭”的目的单一，就是提高班级成绩，具体一点就是提高班级分数。使用的教学用具简单，没有电脑课件，只有两块小黑板和一支粉笔。课堂操作也很简单，我总结了“一背、二练、三套”的好办法：“一背”就是把公式、口诀、规律等背熟；“二练”就是给题目分类，每一类都反复练习，做到熟练做题；“三套”就是总结出解题方法（公式），教会学生怎么套用公式。这种方法很“实用”，考试题目都逃不出我的手掌心，而且比较机械，班级考试成绩提高得很快。

第一次参加县里举办的农村小学教师思品课堂教学评优，汇聚了全校教师的智慧，打造了一堂思品评优课而获得好评，我才开始体会到课堂教学有那么多的讲究，从导入到新授，再到练习，都要精推细敲，反复修改。而后参加了市、省甚至全国性的课堂教学大赛，一路“过关斩将”，每一次赛课都要经过一个月甚至几个月一次又一次的试教。

一次一次地试，一次一次地磨，从说一句话、提一个问题、写一个板书，到一个环节的设计与处理，甚至导入、新授、练习、总结等所需的时间都得严格控制。没有学生，我就对着镜子模拟课堂，训练教学的表情与语气，琢磨每一个问题和每一句话是否精确、什么时间使用课件、什么时候转换成投影。因为要注意很多细节，上课时往往会忘了某个小环节，于是，就把它写下来增强记忆。我曾与别人开玩笑称上评优课就是“走钢丝”，而正是这种“走钢丝”式的打磨，使我的课堂教学组织越来越科学，教学语言越来越精练，教学板书越来越规范，教学评价越来越到位，师生交流越来越顺畅，环节过渡越来越自然。

参加各级各类的赛课，成就了我的“名气”，提高了我的课堂教学的基本功与驾驭课堂的能力。每次赛课我都有一份满足感，自然就把赛课的那份热情用在常态课当中，却发现同样的一堂课，在常态背景下实施，效果远不如在比赛环境中实施，老师认为很精彩的部分，学生却不认账。后来我想明白了，比赛课都是从上课第 1 分钟到第 40 分钟高密度大容量，那种特殊的气氛迫使学生的注意力高度集中，课堂中从导入到新授，再到练习，每一个精彩的设计都能得到很好的展现，课堂活动的组织不用教师费心。而常态课上，学生高度集中的注意力很难维持 40 分钟，再精彩的设计也无法吸引思维处在疲惫状态中的学生，课堂效果自然就大打折扣了。

日常的课还得关注真实的环境、常态中的学生，需要照顾到学优生、中等生和学困生，需要应对课堂中“开小差”和捣乱的学生，需要批改大量的课堂作业与课后作业……教师们的工作不是上一堂公开课那么简单。

我需要站在教师们日常工作的真实环境下思考如何教数学，研究如何给学生减负、给教师减负，让教师们快乐地教，使学生们快乐地学、快乐地成长。

我在想：教学过程中浪费了多少时间？教师付出的劳动到底有多少价值？课堂上是否要承载得满满当当？学生做的、教师改的作业发挥了多大作用？……

我认为要把课上得简单一些，于是，“教得简单，学得轻松”就成为我所追求的理想目标。二十多年过去了，我的课堂教学之路走了一个“轮回”，“简单”的课堂显得更加厚重、更有思想、更有学科味，学生更为喜欢，学得更为轻松，体现出简单之中的不简单。

简单课堂真实，朴实，扎实，实实在在，没有过多的华丽色彩，没有过多的热热闹闹，没有过多的刻意追求。

简单课堂看似简单，却有内涵；看似简单，却有韵味；看似简单，却不简单。

我在想：如果没有品尝过“山珍海味”，就无法嗅到“粗茶淡饭”的香味。做数学教学的研究，就得把简单的事情想得更加深入一些、复杂一些；反之，把研究的成果转化为“生产力”用在课堂上，就应该把复杂的事情变得简单一些，使学生学得快一些。

1. 简单教数学的六个三

1.1 三目标

数学，简单地教，到底是为了什么？

为了学生的成绩，这是每个一线教师都必须直接面对的现实。

为了学生数学思维和素质的发展，这是每个一线教师都不可回避的教学目标。

众所周知，要达成以上两个目标，教师们有两种选择：一种是靠“量”，加班加点，加重学生的负担，让学生被动地学习；另一种是靠“质”，提高课堂效率，让学生快乐地学习。

当然，我们要选择后一种，让学生“快”“乐”地学习。

所谓“快”“乐”地学习，就是学生学得又快又乐，就是教师投入的课堂成本能成倍地“增值”，体现为“快”，而且这种“增值”又是“环保”的，体现为“乐”。

◆ 轻松学

以课程改革为核心的素质教育的一项重要工作是切实减轻学生过重的课业负担，这早已成为政府行为。但是，身在其中的我们慢慢地体会到，减轻学生过重的课业负担不是一件容易的事。在现实的课程改革过程中，你会发现，许多学生的课业负担非但没有减轻，反而加重了。是课程改革的实施者也就是教师们的观念没有转变，还是我们的管理没有实质性的改进，抑或是还有诸多我们没有弄清楚的问题？

要弄清楚这些谜团，首先，我们必须理清三个问题：

1. 学生的课业负担从哪里来

学校信息中心来了一位刚毕业的周老师，他负责学校所有电教设备的维修，还兼几节信息技术课。由于他工作热情，上进心很强，教师们对他的评价很高。可一个学期过去了，教师们慢慢对他产生了不同的看法。

“我就找了他一次，请他帮忙修修电脑，他态度那么不好！”

“班上投影坏了，他说没时间。”

教师们自然把情况反映到校长室，我也闻到了这种气味，就找周老师聊了聊。

“做人真难哪！我有孙猴子的七十二变，也难以满足大家的要求啊！”周老师发出了感慨。

是啊！单个老师跟周老师接触的次数很少。可全校有 100 多位教职工，每位教职工一个学期找一次周老师，装软件、做课件、修电脑……周老师就要服务 100 多次。现实是在一个学期的时间里，周老师要完成 100 多次的两至三倍的工作量。这就难怪周老师在教师们心目中的评价会降低了。

同样，学生们也要完成多个老师布置的作业。而数学教师都想提高本班学生的数学成绩，最为直接有效的方法是与其他学科的教师争取学生的课外时间，而争取学生的课外时间通用的办法是多布置课外作业。

小学生每天要完成语文、数学、英语三科的作业，如果一个学科每天布置 0.5 小时的作业，确实不算多，但是三门学科加起来就是 1.5 小时的作业量了。据统计，现在小学生的平均作业量远不止 1.5 小时。光语文学科的作业项目就很多，有写字、背诵、预习、作文、日记等。如果作业是背诵或作文，那么不花一两个小时是完不成的。再加上各种名目的兴趣班学习，学生的课业负担自然就重了。

女儿贝贝读高中时，我发现她的家庭作业是无法完成的。她们当时有十个考试科目，如果每个科目的作业量是半个小时，那么她就要花 5 个小时的时间做作业，还有背诵、口语练习等。后来，在我的指导下，她学会了有选择性地做作业，重复的不做，掌握了的不做，这样就把作业量给减了下来。虽然课业负担减下来了，但可能“得罪”了老师，随时得准备接受老师的批评。

许多数学课外作业是在重复课堂教学的内容与练习，题型没变，方法没变，形式没变。相信我们每个人都不太乐意机械重复地做相同的事，每天重复做着一件事，就容易产生倦怠，虽然做起来轻车熟路，但会觉得负担太重。如果做起来很困难，那就太痛苦了。

给学生加重负担，其实也是在加重教师自己的负担，因为学生的作业要教师来检查和批改。一个班按 45 人计算，学生每做一份作业，教师就要批改 45 份，如果是教 N 个班，就是 45 的 N 倍的工作量了。

批改学生的作业自然占用了教师本该去看书、教研、交流甚至娱乐的时间，慢慢地、不知不觉地教师就变成了教书匠。而教书匠不是通过提高业务水平，从而提高课堂效率来减轻学生的负担，而是通过给学生加压来提高短期的成绩的。

教育主管部门三令五申，要切实把学生过重的负担减下来，但又一再强调，要把教学质量提上去。教师们觉得，如果不布置或少布置家庭书面作业，虽然学生的课业负担减轻了，自己却要承担教学质量降低的风险，因为领导看一所学校的教学质量，往往是根据学科考试分数来评定的。学科考试是学生在规定的时间里完成一定量的试题，学生完成一定量试题的熟练程度决定了一个学生成绩的高低。那么，要提高学生练习的熟练程度，就要有一定量作业的训练，从而达到“从量变到质变”、“熟能生巧”的效果。而一定量的训练就需要时间的付出，这一时间往往是课堂之外的时间。

教师们很清楚，只靠自己的专业水平来提高学生的成绩似乎不是那么容易，因为教师的专业提升不是一天两天的事，它要长时间的付出，而每天争取学生的时间让其学习自己所任教的学科更加直接有效。再者，评价一个教师的教学水平，不是评这个教师为学生节省了多少时间，而是评他所任教班级学科的成绩如何。也就是说，评价一个教师的教学效益很难操作，而任教班级学科成绩则是评价教师的最有力依据。这样，教师为了提高成绩而争取学生的时间就无所顾忌了。要争取学生的时间，就要多布置作业，自然，学生的课业负担就加重了。

这样，学生的课业负担为什么越来越重，道理已经很简单了。

接下来要思考的是：我们到底要做一个怎样的教师？是靠长期加重学生的课业负担来提高学生的成绩而满足一己私利，还是靠提高我们自身的专业水平，让学生又快又乐地学习，而享受教育的乐趣呢？

从理论上说，没有人愿意做第一种教师！

2. 课业负担伤害了谁

成年人白天工作，晚上休息，还有法定双休日，这是对人的关怀与尊重。许多孩子可能都思考过这样的问题：为什么成年人有自由活动的时间，而我们却没有？

课外作业挤占了学生本该休息和玩耍的时间，学生认识社会，认识大自然，体验童年的快乐是多么重要，但是却没有时间。这就造成了“脑力劳动负荷重，体力劳动负担轻；学习记忆负担重，动手实践活动少；被动接受知识多，自主研究时间少”的不和谐教育局面，而劳动、实践、研究性学习正是学生形成体格、人格和创新精神所必需的。

过多的课外作业至少伤害了两类学生：一类是基础好、学习能力强的学生，他们做课外作业相当于重复课堂练习；另一类是学习困难的学生，他们在课堂上都没学会，课外自然就不会做作业了，于是就想着法子混，教师们往往将之归罪于他们懒惰。从心理学的角度分析，这两类学生慢慢地会对学科学习失去兴趣，他们会认为学习就是重复地操作。一旦学生对某一学科失去了兴趣，课堂教学的有效性就成为空谈。

可以这样说，学生的课业负担加重了，短期内学生的分数提高了，而教学的质量（品质）却降低了，因为教学质量除了包括分数，还包括比分数更为重要的习惯、能力和创造力等。分数不能体现一个人的习惯、能力和创造力，而一个人的习惯、能力和创造力一旦养成，就一定能创造高分数。为什么有些教师越教越累？就是因为他们的眼睛只盯住分数不放，没有重视对习惯、能力和创造力的培养。

各级教育主管部门都强调小学低年级不能布置家庭书面作业，这是很有道理的。看看小学低年级学生的家庭书面作业，都是抽象的逻辑把握的作业，没有实际动手操作的形象把握的作业，而低年级学生的认知是从动作把握与形象把握开始的，而不是从抽象的“1+2= ？”开始的。这样，家庭书面作业就违背了教育的规律、学生认知的规律，抽象思维若没有形象思维的陪伴，迟早会干枯。因此，越往高年级，学生学得越吃力，对学习越没兴趣，其中的道理就不难解释了。

美籍华人、教育学者柯领对中国教育的判断值得我们深思：“人的成长就像春、夏、秋、冬展开的次序一样，有一个内在的节奏，由于中国的教育体系是从逻辑把握开始的，这就违背了教育的规律，也就是违背了人的内在成长节奏。”重视语文、数学、英语的超前学习与升学考试的竞争，忽视了动作把握与形象把握这两个阶段的奠基性成长。从一开始就重视理性灵魂的训练，使得中国的孩子普遍缺少“春天”，缺少感性的玩耍、活动、野性、清新、舒缓、浪漫与原始生命力的勃发，而主要是理性的夏日的暴晒、煎熬、辛苦与重复的劳作。到了秋天，多半收获空壳的果实。从学校毕业后，走到社会上就经受漫长“冬季”的人生煎熬，缺少人文教养、强大的内心、强健的体魄以及解决实际问题的动手能力，从而人格萎缩，有气无力，东躲西藏，不敢挑战人生的极限，而可怜巴巴地度过一生。

从这个意义上说，课业负担过重的学生，不是赢在起跑线上，而是输在起跑线上。

教师们认为不布置家庭书面作业是一件不可思议的事情，因为自古以来就有作业。如果没有作业，学生怎能完成学习任务呢？教学质量会不会降低呢？

3. 怎样才能减轻过重的负担

在常态的课堂上，教师讲得多，学生做得少，教师乐此不疲，学生索然无味，课堂低效甚至无效的现象普遍存在。归根结底，课堂教学的效率低下加重了学生的课业负担。课堂效率低下，浪费的时间就多，学生就无法在规定的课堂时间内完成学习任务，就只好靠课后去弥补，学习负担自然就重了。

因此，减负的根本是提高教学效率。

我每天最多花 20 分钟的时间批改学生的作业。早上，同学们走进教室所做的第一件事，就是把数学作业本放在我的办公桌上，我每天早上提前半个小时到班里改作业。当学生上交其他学科的作业时，批改好的数学作业就已发放到学生手中。这么短的时间我之所以能改完几十份数学作业，是因为数学作业本身就少。

课外作业少，是因为大部分作业在课内都完成了。如果一节课上学生没有一段时间安静地练习，这节课的质量就会令人感到不安。学生独立作业的时间，是我了解学生的时间。在这一时间里，我可以做两件事：一是辅导班里的几个学困生，课内辅导比课外辅导效果好；二是面批先做完的作业，面批面改比课后批改效果好。

多年来，我所任教班级学生的作业大部分都在课堂内完成，大部分在课内就已经批改完了。我把教师们课后花在批改作业上的时间与精力用在课前准备上，把教材读透一些，让设计到位一些，提问精确一些，组织严密一些，课件实用一些，作业精巧一些，时间安排合理一些，这样就可以提高教与学的效率，节省出时间给学生独立作业了。

要让课外的学习任务（作业）前置，在课内完成，就要给作业腾出空间与时间；要给作业腾出空间与时间，就必然要缩短新知学习的时间；要缩短新知学习的时间，就要提高学习的效率；要提高学习的效率，就必然要给课堂“瘦身”；要给课堂“瘦身”，就得去粗取精，由繁变简，易于理解。

教学质量的提升应该靠专业的学校管理与专业的教师教学，而不是靠挤占学生的休息与活动时间、加重学生的课业负担来达成。让我们的孩子快快乐乐地学习，就是让他们拥有一个美好的童年，这不是我们大家所希望的吗？

◆快乐学

人生最幸福的事莫过于做自己喜欢做的事，学习也一样，只有对学习感兴趣，才能学得既“快”又“乐”。

与表妹的儿子聊天，发现他每天先做数学作业，而且做得挺认真，做完数学作业时有些乏困了，其他学科的作业就应付了事或者干脆不做，自然，数学成绩在几门学科里是最好的。后来我才知道，数学老师当班主任，对学生比较严厉，有较多时间处理班级学生出现的问题。在这种情况下，数学作业是躲不过去的，而其他学科的作业则比较好混，因此选择先做数学作业。

被动地做也是一种负担，即使作业再少，若不想做，就得强迫自己做，也是很痛苦的。而对学科感兴趣的学生做起来则有滋有味。我教过一个学生，读三年级的时候就把四年级的内容学了一遍，读四年级的时候就把五、六年级的内容学完了，读六年级的时候他已经学完了初中数学的全部内容。没有人强迫他，他纯粹是自愿的，并乐在其中。

学生的负担可以用作业量来统计，但要从更深层次去分析。真正的负担应该基于学生的心理体验。对于同样一份作业，有些学生很难完成，有些学生觉得很容易；有些学生被动地去做，有些学生主动去做；有些学生愁眉苦脸，有些学生乐此不疲。

要减轻学生过重的课业负担，还需要激发起学生对学科学习的兴趣和热爱。如果哪位教师通过激发学生对学科的兴趣与热爱，来争取学生学习这门学科的时间，就达到了一定的境界。

2009 年 9 月新接一个班的数学课，我做了一个调查，题目是：你喜欢数学吗？调查结果显示：全班 45 位学生，喜欢数学的仅 2 位，占全班学生的 4.4%。有趣的是，喜欢数学的 2 位同学成绩都不太理想，也许是为了迎合老师吧。不喜欢数学的学生认为数学太难、太枯燥，或是不喜欢数学老师。一个学期过去了，学校进行了一次问卷调查，这个班喜欢上数学课的学生有 39 人，占全班学生的 87%，喜欢数学的学生都喜欢我这个数学老师。

这一结论验证了我的设想——小学生喜欢一门学科，往往是从喜欢教这门学科的老师开始的。在“你不喜欢什么样的数学老师”的问卷调查中，我们发现：说话太啰唆、拖堂、布置作业太多等是学生不喜欢数学老师的主要原因。如果学生不喜欢这样的老师，可能就不会喜欢数学。因此，作为一个教师，首先要让学生喜欢自己，然后学生才有可能喜欢你任教的学科。

怎么让学生喜欢上你，快乐地学习呢？答案或许就在以下三个案例中。

案例　一碗米粉的“药效”

经常重温自己的生命成长过程是一种很好的学习方式，我常常会从自己的切身体会中悟到一些教育教学的道理，并以之指导我的工作。我常常会想：我小时候是个什么样的人？我是怎样学习的？我是怎样喜欢上数学的？我的父母和老师是怎样教育我的？

我生在农村，长在农村，小时候在一个小村庄里的一所小学校读完五年小学课程，因为对玩感兴趣而玩出了水平，捉弄过代课女教师，偷过生产队里的西瓜、甘蔗和地瓜，经常迟到而被罚站，偷着去河里游泳被老师逮住。贪玩让我付出了代价，小学升初中的考试成绩只有 76 分，还是语文加上数学的总分，其中数学只有 25 分。

上初中了，还是对学习提不起精神。从家到学校的路程比较远，途中有一条河，河上木桥常被大水冲走。有一天，暴雨形成的洪水又把木桥冲走了，中午回不了家，只好饿着肚子，班主任李老师不知怎么找到了我，把我拉到他的房间，从床底下拽出了一个电炉，给我煮了一碗米粉端到我面前，我含着眼泪吃完这碗一生难忘的午餐。

从此，我不敢在数学课堂上捣乱了，因为我喜欢上了李老师。两个月后，半期考试成绩出来了，我的总成绩从入学时的全班第五十二位上升到第四位；两个月后的期末考试，总成绩已经上升到第一位。

一碗米粉竟有这么神奇的“药效”？

自己当老师后，我也就明白了一个道理：人一旦有了学习的兴趣和愿望，进步的潜力是巨大的。要激发学生学习的兴趣与愿望，首先要想办法让学生喜欢你，这不能单靠说教，而要在教学的每一个细节，真诚地帮助学生，不仅是在学习上，还要在生活上。

然而，喜欢任教一门学科的老师，学生就真的喜欢这门学科吗？

如果换一个老师，结果又会怎样呢？

清华大学数学系毕业的林丰同学的事例给了我启发。林丰读小学时是一个顽皮的孩子，在我的引导下，他慢慢喜欢上了学数学，成为班上的“数学尖子”。小学毕业后，升入一所初中，教他数学的是一个返聘老教师，主要的教学方法就是讲授。林丰不适应这种教学方法，就产生了逆反心理，对数学慢慢就失去了热情。林丰的父母向我求救，我看在眼里，急在心头，林丰不喜欢数学老师，可不能不喜欢数学学习呀！

我提醒他，上课可以不听老师讲课，但要像小学学习数学一样想办法自学。从此，他就用自学的办法得到了满足，再次体会到了数学学习的乐趣。

我想：如果一个教师能让学生喜欢数学，而换了一个教师，学生又不喜欢数学了，那么，前一个教师就不一定能称为名师了。

学生喜欢数学老师，并不等于学生喜欢数学本身。要让学生从喜欢数学老师向真正喜欢数学本身转变是一个极其艰难的过程，这需要教师拥有教学智慧，在课堂上提供学生喜欢的数学，让学生无论换了哪个老师，都能乐此不疲地学习数学，这是作为老师的我们一定要努力的。

案例　意外的成功

我真正喜欢上数学是在初中三年级，第一单元试卷有一道几何附加题，分值是 20 分。附加题一般比较难，是给学有余力的学生做的。我左思右想，就卡在其中一个步骤上，只好瞎蒙。分数出来了，这道附加题，老师给了我满分。我竟然蒙对了！

当老师宣布这道附加题只有我得了满分，也就是整个年级只有我上了 100 多分时，我无比激动。

放学后，别的班的同村同学对我说，他们的数学老师说，三（4）班有一个天才学生，叫戴曙光，附加题只有他一个人做对了。

我真的是数学天才吗？也许是吧！

于是我天天都在钻数学难题，走路都在想数学题，每当我用所学的知识解决一个问题时，总是非常陶醉。

我成了学校的数学天才。

学校要选拔一位学生参加全国奥林匹克数学竞赛，数学老师叫了年段“数学尖子”到他的房间初赛，两个小时的比赛，我只用半个小时就交卷了，结果还是我的分数遥遥领先。

参加全国数学竞赛，虽然没有得名次，但我很知足。老师给我的 10 元钱，全部用于去比赛城市所在的新华书店购买数学课外书。

我真的找到了数学学习的乐趣了！

当老师，我也选择了教数学，也真正地喜欢上了教数学，并成为数学特级教师，常常用超常规的激励方法让学生喜欢上数学。

学生喜欢数学最基本的前提是什么？

学生能学懂，能学会。只有能学懂，能学会，才有可能喜欢数学。

“数学太难”的心理倾向成为学生不喜欢数学的另一主要原因。对于一个智力发育正常的儿童来说，学习某个阶段的数学知识不是很困难的事，为什么他们会感到“数学很难”，而且越学越难呢？问题还是出在课堂上，为了追求课堂的“精彩”，老师把简单的问题复杂化了，把简单的程序复杂化了，学生自然越学越复杂。

学生学了加法再学减法，学了乘法再学除法，一个知识点接着一个知识点地掌握，这么多的知识点，要求学生都记住是强人所难。按照心理学的研究成果，人的记忆单元大致是 7±2，也就是 5 到 9 个。学生掌握的学科知识点越多，他复习巩固的负担就越重，他要掌握学科知识点的边际成本就越大，就难免觉得枯燥和沉重。这样，他体会到的就是数学学习的艰辛。

要让学生学得快，就要把知识点串起来变成数学知识。这样，学生的反思与重建就显得特别重要，而教师往往忽略了这一点，因为考卷上的内容都是知识点。

案例　是教知识，还是教知识点

图形的面积是小学数学学习的一个重要内容，三年级学习长方形、正方形的面积，五年级学习平行四边形、三角形、梯形的面积，六年级学习圆的面积。教师按教材的编排，组织数学活动让学生理解、掌握各种图形面积的计算方法，并运用面积的计算方法解决实际问题。

在日常教学中，我发现，老师们非常重视用转化的方法推导出各种图形面积的计算方法，但很少有老师引导学生用一种图形的计算方法求其他图形的面积。例如，求三角形的面积，把它当作上底是0的梯形，用梯形面积公式——（0+底）×高 ÷2计算；同样，长方形、正方形、平行四边形甚至圆的面积都可以用梯形面积的计算方法来求。

任何一个所学图形的面积都可用上面所说的六个图形中的一个图形面积的计算方法计算，这样就把六个图形的面积知识串联起来并压缩，让学生融会贯通，知识点就变成知识了。

有人说："浓缩的都是精华！"的确如此！

数学是符号世界里的学问，人们对它的第一印象是枯燥无味。当前的数学课堂，往往是从符号开始的，而不是从具体的物、动作把握开始的，这就违背了教育的普遍规律。比如，让学生想"1+2=？ 5−2=？ 5+4=？"等，或与文字打交道，教师往往不舍得花时间让学生动手、画图，而是迫不及待地抽象。这样，数学就变得枯燥无味了，学生学起来也就比较困难。长此以往，慢慢地，学生就对数学失去了兴趣和信心。

教师们为了激发学生对课堂学习的兴趣，往往从生活情境入手，使数学知识与学生的生活紧密联系在一起，但是学生无法躲避的是纯数学的知识、技能的学习。翻开练习册，学生的练习很少用图的形式呈现，大都以文字与数字形式呈现，解决实际问题的练习少，纯数学的练习多。

当学生过早地感受到学习数学的艰辛与无趣时，我们完全有理由想象学生接下来的学习之路怎么走，这是一件非常可怕的事情。学习数学很辛苦，如果学起来既困难又枯燥，就会一次一次地放弃学习，放弃学习的后果是学习越来越困难，最后学生就会彻底与数学说“再见”。很难想象一个学不会数学的人会爱上数学。

综合以上三个案例，不难概括出让学生快乐学的“秘籍”：首先，要想办法让学生喜欢你；其次，让学生体验数学本身的魅力，从而喜欢数学；其三，努力把复杂的知识变简单，把高深的数理变简单，把枯燥的知识变有趣，让学生学得快乐。

◆智慧学

数学教学究竟能给予学生什么？

是给予学生一堆昂贵的金子，还是给予学生一个点金的手指？

我们肯定选择后者——让学生成为会学习的人！

会学习，就是学而有方，越学越有兴趣，越学越轻松，这可称为“智慧学”。

要让学生成为会学习的人，首先要让学生亲自去学。约翰·奈斯比特说：“在不断变动的世界上，没有任何一门或一套课程可供你终生受用，现在最需要的技能是学会如何学习。”教会学生学习的最简单的办法是提供学生自己学习的机会，这样你就能发现奇迹的发生。

如何让学生成为会学习的人？相信你会有许多锦囊妙计。以下三个案例，是我在实践中的发现和思考，或许也能给你一点启示。

案例　上课最不专心的学生

2007 年，我来到北京师范大学厦门海沧附属学校任教，学校安排我担任五（1）班的数学老师。班级学生中有一个叫傲的，上课最不专心，经常做小动作影响课堂教学。但奇怪的是，他每个单元的考试成绩都不错。

看来，成绩好的不一定是最专心的。

我猜想：今天的学习内容，他早会了。

我找他谈话：“为什么上课老是做小动作？”

“没意思，你教的我都会了。”傲得意地说。

“你是怎么学会的？”我很好奇。

“我把整本书都学完了，你教的太简单了！”

看来他有自己的一套学习方法。但先学了，不一定能考得好啊。

为了不让他影响课堂教学，我采取了三个办法：一是和他签订口头协议，允许他在课堂上不听讲，但不能影响同伴学习。为了使他在课堂上不至于太无聊，我每节课都会送给他一道难题。二是要求他考试成绩必须在90分以上。三是如果考试成绩能达到90分以上，作业也可以不做。

傲的性格就像他的名字一样，很是傲气。他开始不做作业，我也没管他，而是静观其变。

单元检测成绩出来了，他出人意料地考了89分。

“看来上课不专心，作业不做，成绩会下降。”其实，我知道89分与90分没有什么区别，只是故意刺激他。

“下一次检测一定达优，如果达不到优，你可以罚我。”他向我保证。

下一次考试，他果然得了优，考了98分。

“这段时间的学习与前段时间的学习有什么不同？”我知道他改变了学习策略。

“我把不懂的问题带到课堂上，课堂上学的是我不会的。”

“对了！很多知识是完全可以自己学会的，要取得老师和同学帮助的是个人学不会的。这样就提高了学习效率。”

受到傲同学的启发，我开始鼓励学生先学先做，鼓励学生敢于尝试，定期召开学习交流会。在课堂上，我经常改变以往的做法，例题出示后，也让学生先尝试，然后收集学生的不同想法和做法进行小组讨论，各小组发表各自的看法。老师的任务变得简单，只要作出回应和评价就可以了。但评价的内容不只是学生做得对不对，更为重要的是学生的做法好不好、为什么好。

此外，我还在班上宣布：成绩优秀的学生可以自己决定是否做课外书面作业，或做多少作业。成绩优秀的学生成为班级学生的榜样，为了争取自主选择权，他们会想尽办法争取成绩优秀，做了很多尝试，慢慢地形成了自己的方法，知道了自己应该怎样学数学。

我很自然地把有准备地学习与有准备地教研联系起来，论证自己的想法是否正确。

许多老师对教研组组织的教研活动不屑一顾、不感兴趣，认为没有什么效果。听几节课，然后对这几节课进行评课，评课的老师说不出什么道道来，为什么呢？我认为这样的教研活动是无准备的活动，观课者事先不知道今天上什么公开课，谈不上事先去研究，更谈不上带着问题去听课了。可以想见，这样的教研活动会有什么效果！

同样的道理，许多课堂对于学生来说，也是无准备的课堂。他们不知道今天学习的内容是什么、自己会有什么问题，只知道跟着老师跑。老师提一个问题，他们就想一个问题，并回答这个问题，更不知道自己学会了没有，只有做作业时才知道自己存在的问题，但却没有时间解决这些问题。

因此，在新授之前，学生应该先做准备，或先去尝试，然后带着问题进入课堂学习。这样，课堂学习效率不就提高了吗？

叶圣陶说："凡为教，目的在达到不需要教。"为了达到这一目的，就要具备自学的能力；要具备自学的能力，就要有一定的方法。一旦学生具有了一定的学习方法，学生的学就变得简单而高效了，教师的教也变得简单而高效了。

案例　优秀学生的复习方法

长清是一个非常优秀的学生，数学成绩很好，他还是学校最为优秀的足球队员，参加全国机器人竞赛获过金奖，在学校组织的音乐会上，他的笛子演奏博得了热烈的掌声。

他的学习方法就是"走捷径"。

期末复习是学习过程的一个重要环节，是提高学习成绩的一个重要阶段。我会带领学生按单元、模块或题型复习，复习内容涵盖全册教材的每一个知识点。可我总有一种感觉，好像复习前后学生的学习没什么两样，复习后学生的成绩也没有什么提高。

长清没有按我的计划进行复习，他有一本特殊的作业本，这本作业本就是他复习的内容。他收集了一个学期所有的错题，有些是剪贴的，有些是抄的，有些是下载的，每一道题都留有空白。在复习的过程中，他要做的是对这些错题的处理，弄清楚三个问题：错在哪里？为什么错？如何避免再次出错？根据这三个问题对每一道错题进行剖析，然后对这些错题进行归类。

这是一个有想法的孩子！

按我的复习方法，两周的复习时间要将每个知识点都过一遍，只能做到返回原路匆匆走一趟，走完后发现没看见新的风景，时间花了不少，却没解决什么问题。学生不知道“我是谁”、“我需要什么”，只好眉毛胡子一把抓。

长清的复习方法很实在，针对性强，他把复习范围缩小，集中精力解决自己的问题，复习效率自然提高了好几倍。

我把长清的学习方法推广到全班，每个同学都有一本错题本。这样，每个同学都很清楚“我是谁”、“我需要做什么”了。

我要做的是帮助学生解惑，或者调动学生互相解惑。

学习方法的形成不能靠说教，它需要学生经历一个比较长的过程。每个学生都有自己的学习方法，都按各自不同的方法学习，只不过他们的方法有好坏之分。教师要善于留意学生是怎么学的，以此为基础加以引导。只有学生真正感受到某种学习方法会给他带来回报，他才会形成并使用这一学习方法。

对于某一道数学题，学生能正确地解答，并不是最终的目标，因为他解决第二个问题时可能就不知所措了。我们需要的是通过解决一个问题，学生就会解决十个问题，甚至上百个问题。这就告诉我们，要重视的不是学生能解某一道题，而是学生通过解这道题学会解许多与这道题相关的问题，做到举一反三、举一反十，甚至举一反百。

案例　仅满足于学生会了？

北师大版小学数学五年级下册中有这样一道例题：

气象小组有12人，摄影小组的人数是气象小组的$\frac{1}{3}$，航模小组的人数是摄影小组的$\frac{3}{4}$。航模小组有多少人？

这一例题是在学生学习了分数乘法应用题之后安排的分数连乘应用题，相信大部分学生解决这一道题时不会存在困难。那么，教师是否可以高枕无忧呢？学生真的理解、掌握了此类应用题的解题方法了吗？假如把这道题变一变，情况就不一样了。

1. 航模小组的人数是摄影小组的$\frac{3}{4}$，摄影小组的人数是气象小组的$\frac{1}{3}$，气象小组有 12 人。航模小组有多少人？

2. 气象小组有 12 人，摄影小组的人数是气象小组的$\frac{1}{3}$，航模小组的人数是气象小组的$\frac{3}{4}$。航模小组有多少人？

第 1 题，许多学生列出的算式是$\frac{3}{4} \times \frac{1}{3} \times 12$，第 2 题，列出的算式是$12 \times \frac{1}{3} \times \frac{3}{4}$，因此，可以得出这样一个结论：学生习惯于条件具备的问题求解，只是在机械地套用例题的解题模式把三个数乘在一起，当条件发生变化（有时多或有时少）时就不知所措，只好生搬硬套，并没有真正地理解与掌握此类应用题的解题方法，这显然不是我们所希望的。

那么，又该如何进行例题教学，培养学生活学活用的能力呢？

首先出示：摄影小组的人数是气象小组的$\frac{1}{3}$。要求学生画出线段图，列出关系式。

提问：要求摄影小组的人数，现在能求吗？明确要求摄影小组的人数，必须知道气象小组的人数，用气象小组的人数乘$\frac{1}{3}$。

再出示：气象小组有 12 人，航模小组的人数是摄影小组的$\frac{3}{4}$。

提问：你能提出什么问题？怎样求航模小组的人数？明确要求航模小组的人数，要先知道摄影小组的人数，用摄影小组人数乘$\frac{3}{4}$。而摄影小组的人数没有告诉我们，所以必须增加一个条件。

最后出示：气象小组有 12 人，摄影小组的人数是气象小组的$\frac{1}{3}$，航模小组的人数是摄影小组的$\frac{3}{4}$。航模小组有多少人？

提问：这样能求出航模小组的人数吗？为什么？从而理清解题思路。

辨析错例：有些同学用$12 \times \frac{3}{4} \times \frac{1}{3}$，这样列式对吗？为什么？明确$12 \times \frac{3}{4}$是求气象小组人数的$\frac{3}{4}$，而不是求摄影小组的人数。

适时跟进：如果用 $12\times\frac{3}{4}\times\frac{1}{3}$列式，题目应该怎样改动呢？讨论后将原题改为：气象小组有 12 人，摄影小组的人数是气象小组的$\frac{3}{4}$，航模小组的人数是摄影小组的$\frac{1}{3}$。航模小组有多少人？或者改为：气象小组有 12 人，摄影小组的人数是航模小组的$\frac{1}{3}$，航模小组的人数是气象小组的$\frac{3}{4}$。摄影小组有多少人？

开放练习：合唱组有 120 人，美术组人数是合唱组的$\frac{3}{5}$，__________。科技组有多少人？（补充一个条件，使题目完整并列式解答）

……

数学是思维的体操。数学学习的目的是使人变得越来越聪明，而不是培养机械、呆板的人。因此，以上教学让例题变“活”，抓住问题的“根”和“本”，理清哪个量与哪个量有直接关系，有什么关系，并能运用其内在的关联求解。通过条件不完备的问题、条件完备的问题、错例问题以及补充条件开放题的讨论，相信学生再遇到变化了的问题，一定能举一反三、触类旁通。只有学生能活学活用，教学的目标才算实现了。

综合以上三个案例，可概括出智慧学的“秘籍”：首先，鼓励学生自己学；其次，发现、总结、推广学生的学习经验；其三，引导学生有方法地学习。

1.2　三原则

要让学生轻松学、快乐学、智慧学，须通过教师的教学艺术与教学智慧，变学生被动学为主动学，这样教师的教就更加轻松；变学生枯燥地学为有趣地学，这样学生的学也就更加快乐。在此基础上把复杂的课堂变简单，把复杂的内容变简单，从而提高课堂教学效率。

为了达到简单教数学之目的，必须坚持以下三个原则。

◆主体性原则

让学生成为课堂教学的主人，不能成为一句口号，应该落实在数学教学的每一个环节、每一个细节中。我们的教育对象不是物，而是一个个活生生的人，他们有自己的人生追求，有自己的价值判断，有自己的情感世界，有自己的生活方式。我们是否对孩子给予了足够的尊重与关心呢？如果没有，又怎能体现以学生为学习的主体呢？

传统的教学关注的是教材、教材中的知识，教师对教材的理解和把握可能很到位，可以准确无误地把知识传授给学生；许多学生很好地掌握了知识，考试也没有问题。教师觉得自己工作很尽职，学生的学习成绩好，但是学生离开了教师，就不知道自己要做什么、怎么做了。

如何让学生不变成教师的影子，成为自由、快乐的学习主体呢？以下三个案例是我的实践与反思，或许其中会有你要的答案。

案例　自己想办法，想好了告诉我

经常与初中同学聚会，每次聚会都会聊到教数学的李克炎老师。

李老师是“文化大革命”后第一届师范生，据说他是在家务农两年后去考师范学校的,因此同学当中数他年龄最大。由于当时中学老师比较稀缺，许多师范学校的毕业生被安排在中学任教，李老师就是其中一位。

中等师范学校是培养小学教师的，安排在中学任教对于师范生来说是一种挑战。李老师感到压力很大，教材里的知识有些还要重新学习，甚至有些几何证明题解决起来还有点困难。

但就是在这样的老师的指导下，他所任教班级的数学成绩在全校引起了轰动。

自己当老师后，一直在研究李老师的教学方法，他是用什么招数让他的学生喜欢数学且学好数学的呢？总结起来有三：

一是严格。李老师对学生的严格要求是出了名的，相信每个学生都被他“整”过。对上课捣蛋的学生他毫不客气，只要他一出手，学生就再也不敢捣蛋了；如果学生故意不做作业，他会用各种办法让你付出“代价”。奇怪的是，对于别的老师的课堂情况，他也了如指掌，让你没有捣乱的空间。班级的各科成绩都是优秀，与李老师的严格是分不开的。

二是爱心。李老师以严格治学著称，却也有爱心。他对学生的家庭情况了如指掌，经常资助家庭困难的学生。学生交不起学费，他先垫上，许多学生将家里的鸡蛋送来还李老师先垫付的学费；学生生病了，李老师会到医务室抓药，到自己的房间里用电炉煎。课堂之外，李老师喜欢和学生一起跑步、聊天。

三是有方。李老师的教学方法很简单，他没有什么花样，就是用画图的方法帮助学生理解，有时讲着讲着，自己也蒙了，就向学生求救："这道题，我没办法了，谁有办法？"总会有学生走上讲台接着讲。学生遇到难题时一般会请教李老师，有时李老师一时也解答不上来，就说："你们自己想办法，想好了告诉我。"于是就回到房间去研究。记得当时遇到难题时，同学们互相讨论，自己解决问题，然后就到李老师那儿去炫耀。

此时，我想起苏联教育家赞科夫说过这样一句话："不能把教师对儿童的爱，仅仅设想为用慈祥的、关注的态度对待他们。这种态度当然是需要的，但是对于学生的爱，首先应当表现为毫不保留地贡献出自己的精力、才能和知识，以便在对自己的学生的教学和教育上，在他们的精神成长上取得最好的成绩。因此，教师对儿童的爱应当同合理的严格要求相结合。"正因为李老师治学严而有爱，学生才以敬畏之心学习数学；正因为李老师是一个本真的人，敢于承认自己"没办法了"，才把学习的主动权交给学生，"逼"着学生自己想办法去"炫耀"，学生解决问题的能力才得到充分锻炼。

案例 "放权"给学生，没错的

苏联著名心理学家维果茨基的一句话让我豁然开朗：儿童能够独立达成的水准与经过教师和伙伴的帮助能够达成的水准之间的落差，叫作"最近发展区"。儿童能够独立达成的水准应该是现在发展区。根据这句话，可以把学生的发展区细分为三个层面：一是学生能独立完成的智力任务，二是通过学生之间的互助能完成的学习任务，三是学生独立或合作都无法完成的学习任务。那么，学生能独立完成的，为什么不让他们自己完成呢？学生能合作完成的，为什么不让他们合作完成呢？教师唯一要做的是教学生独立或合作完不成的任务。如果学生能独立完成或合作完成 80% 的任务，那么，教师的教只承担 20% 的任务就可以了。

这样，教学就变得简单多了。

在日常教学中，我不会教那 80% 的知识，而会动脑筋思考如何激发学生去完成那80%的任务，如何帮助他们掌握他们无法完成的20%的任务。就像荷兰数学教育家弗赖登塔尔说的:“泄露一个可以由学生自己发现的秘密，那是‘坏’的教学方法，甚至是罪恶。”

那么，学生有没有自学的愿望、会不会自学呢?

我不断地问自己:有没有给学生自学的主动权?如果没有给予学生这种权利，我们又怎么能知道学生是否有这种愿望呢?又怎么知道他们会不会自学呢?

简单地说，学习是从不会到会的过程。首先，教师要鼓励学生去做，勇敢地去试。有的尝试成功，有的尝试失败，没有关系，因为只有这样，教师才能比较准确地了解哪些学生会了、哪些学生还有困难。其次，教师要组织会了的和不会的同学展开讨论，交流尝试成功的经验，分析尝试失败的原因，提炼解决问题的方法，做到教“不教学生不会，教了学生才会”的东西。

尝试是孩子的天性，孩子自母体里分离出来就开始尝试。正因为有了尝试，孩子才积累了许多生活经验和知识。许多发明创造不就是从尝试开始的吗?苏霍姆林斯基说:“在人的心灵深处，都有一种根深蒂固的需要，这就是希望自己是一个发现者、探索者。在儿童的精神世界里，这种需要特别强烈。”儿童的这种需要，我把它理解成“老师，我想自己试一试”。

我有什么理由不让学生试一试呢?

在我的课堂上，一个数学问题，首先让学生尝试。“你会吗?试试看。”这已经成为我的一句习惯用语。

上二年级上册“8的乘法口诀”时，先让学生做放松操:“今天我们学习‘8的乘法口诀’,会编吗?试试看。”学生自己试着根据书本主题图、数轴、乘法算式编口诀，他们自编的结果让我很吃惊，没有一个学生不会编。我这才发现，以前教口诀时一句一句地教到底值不值?学生自己能编出口诀，我应该教什么呢?

上五年级“稍复杂的方程”时，出示例题后我问道:“你们能解决这个问题吗?”这才发现学生大多不喜欢用方程解题，结果没有几个同学做对。这引发了我的思考:“怎样才能让学生喜欢上方程呢?”

……

我把学生的尝试叫作“准备性学习”。

通过调查我了解到，高考成绩优秀的学生都具有课前准备的习惯。道理再简单不过了，学校开展活动，需要做大量的准备工作，否则，活动不可能成功；教研组召开教研活动，听课评课，很多教师评课时无从下手，因为课前没有做好准备，没有思考，没有带着问题听课；学生尝试后，至少知道自己是怎么想的、怎么做的，自己的想法与做法正确与否；学生尝试运用已学过的知识解决未知的问题，可以体验尝试成功的快乐，即使尝试失败，也会激发求知的欲望；学生尝试后，教师能准确地了解学生的状况，从而改变原来的教学策略，有针对性地实施下一个环节的教学。

叶圣陶先生说:“凡为教，目的在达到不需要教。”为了达到“不需要教”之目的，就要使学生学会学习。相信学生都有自己的学习方式，但不同的学习方式所取得的效果不一样。教师的任务是使学生对自己的学习方式进行反思、调整与优化，而且学生学会学习需要一个过程。

如何使学生的学习更加优化？可以在作业的要求上做点文章，让学生拥有作业的选择权。

布置作业当然是为了巩固课堂内所学的知识，完成作业对于学生来说是一项学习任务。《小学生守则》中有这样一条:“认真完成老师布置的作业。”通常老师为了操作方便，给学生布置同样的作业。同样的作业意味着难易程度一样、数量一样，可对不同的学生产生的影响却不同，有些甚至是负面的。

比如对于基础好、学习能力强的学生来说，做课外作业相当于重复课堂练习，不断地操练，会让他们感到心累。学优生为什么优？支撑他们学习的不一定是兴趣，也许是要考上一所重点中学或重点大学，一旦目标实现，他们可能就把这门学科给扔了。

在我任教的班级中，有一部分学生可以选择不做书面作业，也可以选择哪些题做、哪些题不做，当然，可以选择全做，这部分学生是学优生。也有一部分学生需要完成必做题，其他的可以选做，这部分学生是中等生和学困生。

学优生为了保住“不用做作业”的席位，在课堂上自然就会提高效率；中等生都想成为“不用做作业”的那部分学生，因此想着法子争取让人羡慕的权利，既有荣誉又轻松；学困生只做“保底”的作业就行了，如果“保底”的作业做对了，也会拿到一个“优”。

选做题中肯定有一道趣味题或极具挑战性的题目，目的是诱导学优生去挑战。有些学生做挑战题或趣味题花的时间可能很长，但他们乐此不疲。哪位学生挑战成功,我都会寻找机会让他当“老师”露露脸,体会成功的快乐，以此促进他们挑战成功。

我要做的工作有三项：一是教学生认识有没有达到自由选择作业的资格，知道“我是谁”；二是教学生如何争取自由选择作业的资格，知道“我该怎么做”；三是当学生拥有了自由选择作业的权利时，教他们认识“我又是谁”、“我该做什么”。

我又在思考：中等生跳一跳能摘到果子，要争取成为学优生比较容易。学困生要争取不做作业的权利是非常困难的，怎么让学困生也有机会不做课外书面作业，从而让每个学生都有课外书面作业的选择权呢？

每节课都有独立作业的时间，作业题其实也是本节课质量监控测试题。我根据课堂作业的情况决定中等生和学困生是否拥有课外作业的选择权，以此来激励学生提高课堂学习的认真程度和效度，增强课堂学习的“效率意识”。学困生只要达到了我想要他们达到的要求，就可以获得课外作业的选择权，这样引导学生建立课堂学习的“效率意识”。在教师与学生“双主体”的课堂教学中，学的效率提高了，教的效率才能得到成倍的提高。

2009 年，我顶着统考的压力，做了一次大胆的尝试，开始想办法不布置家庭作业，学生的数学作业都在课堂上做完。学生很争气，统考时班级平均成绩达到了“优”。

让学生拥有学习的自主权，从这个角度思考，简单教数学就是符合“人性”的数学教学。数学教学符合人性了，也就变得简单了。

案例　老师，他偷做作业

2000 年，我发现了一个“偷”做作业的学生。

下课后，我收拾教学用具准备回办公室。“老师，老师，他偷做作业。”一个学生在后面手举着一本练习册追着我喊，另一个同学追着要抢回练习册。

我停下脚步问道：“珊珊，谁偷做作业？”

“小路把整本练习册都做完了。”珊珊为发现偷做作业的同学而得意。

小路站住了，显得很紧张。

我把小路的练习册翻了翻，他果然把整本都做完了。平时作业都是上完课再做，小路怎么把后面的作业都做完了？没有上课，他怎么会做呢？我很是好奇。

“谁叫你做的？”

“我自己。”

“后面知识还没学呢，你会做？”

“我觉得后面的作业很多都会做，遇到几题不会的，看看书就会了。”小路显得很忐忑，准备接受我的批评。

看了几道题，果真都做对了。

“从明天开始，你也来当老师，教教其他同学，好吗？”我为这一创举而得意。

第二天，我宣布：“小路把后面的作业都做完了，往后他的作业任务是把没有做对的想明白、更正好。如果你们想把后面的作业提前做了，老师完全赞成。学会的同学有资格当老师，教还没学会的。”

同学们很是意外：“真的可以先做吗？”

“真的，一点都不假！”我肯定地回答。

“做错了怎么办？”

“没关系，上课弄明白了，改过来就行了。”

我在观察，班上到底有多少学生会先做后面的作业，然后给机会让他们当一回老师，给同学们讲他的思考过程。

班上越来越多的学生尝试着先做后面的作业，这是我没想到的。

现在看来，这种做法完全正确。这部分学生上了初中、高中都是数学的佼佼者。

给了学生学习的主动权，那么，教师该做什么呢？

教师要做的是教学生如何学习，如何提高学习的实效。最为简单的方法是带着问题去寻找答案，通用的问题有两个：是什么？为什么？

教材中一般会给出“是什么”的答案，但“为什么”却不一定会给出，这样，学生就不一定清楚了。也就是说，学生往往知其然而不知其所以然。要弄清楚“所以然”，通用的方法有两种：一种是图示法，另一种是迁移法。

例如上“小数的加减法”一课，学生阅读教材后可以知道小数加减法的方法，至于为什么相同数位上的数要对齐，可以用图示法与迁移法来帮助他们理解。

图示法：

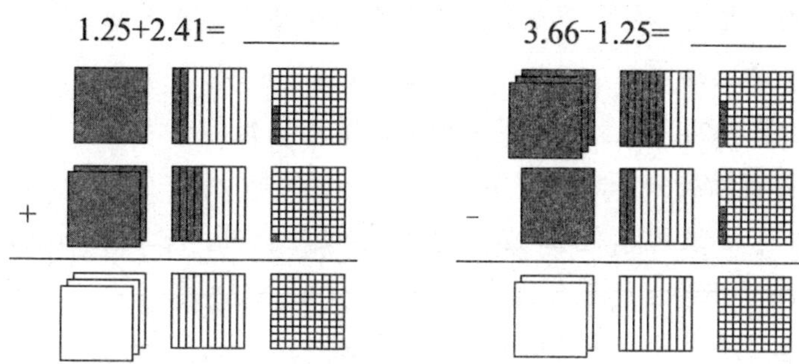

迁移法：回顾以前学习整数加减法的方法，理解相同数位上的数对齐的算理。

在课堂教学中，教师要不断地渗透自学的方法，以提高学生的自学能力。学生的自学能力提高了，教师的教就变得轻松多了。

综合以上三个案例，我们已很清楚，要确立学生的主体地位，就必须给学生解开束缚在他们身上的那根无形的“绳”，充分地相信他们的主动性与创造性，做到“有所不为”。这样，教师也可以从中解放出来，从而“有所为”。

◆趣味性原则

小学数学教师非常注重挖掘数学知识的趣味性，以此激发学生学习的积极性，吸引学生的注意力，从而提高课堂效率，这是符合小学生的认知规律的。

在课堂上，以知识点为目标的兴趣激发往往靠教师创设有趣的情境，如故事、动画、录像、游戏等，这些都能吸引学生的眼球，促进学生的认知。

但是在很多课堂上，我们发现，教师创设的情境与知识的学习往往存在矛盾，如果处理不好，就会适得其反。请看以下三个案例，相信你一定会在会心一笑中明白：为了趣味而趣味，其实是“低级趣味”。

案例　学生乐了，老师难了

师：小朋友们，你们知道中国最大的瀑布在哪里吗？

（同学们看着老师，摇摇头）

师：在老师的家乡贵州，它叫黄果树瀑布。下面让我们一起来欣赏这壮美的大瀑布吧！

（课件演示黄果树瀑布风光，课堂上发出了一阵惊叹声。黄果树瀑布的美丽景观一下吸引了学生。）

师：黄果树瀑布雄伟高大，气势极为壮观，它是中国最大的瀑布，同时也是世界上最著名的瀑布之一。你们去过吗？

生：没去过，一定叫爸爸妈妈带我去。

（看来同学们对黄果树瀑布产生了兴趣，大家都在交头接耳，议论纷纷）

师：黄果树瀑布每天都会迎来许多中外游客，景区要做好充分的准备来接待四方来客。瞧，今天黄果树宾馆的工作人员在运什么呢？

（屏幕上出现了工作人员运白菜的情境图，提出了三位数连减的数学问题，引入课题。接着，教师引导学生讨论三位数连减的计算方法。奇怪的是，学生的学习热情并没有被激发起来，许多学生对讨论的问题视而不见，教师显得很无奈，只好“拖”着学生往前走。）

如果这是一节“美丽壮观的黄果树瀑布”的语文课，这样的情境创设是很成功的。但数学教学与语文教学有不同的课堂文化内涵，语文教学往往是“以情促知”，数学教学则往往是“以知生情”。数学教学是以数学符号语言来解释和说明问题的，它应该从学生感兴趣的问题出发，深入问题的数学核心，让学生经历猜想与验证、观察与思考、反思与矫正等，感受数学学习的魅力，从而产生数学学习的情感体验。黄果树瀑布的美丽景观这一情境吸引了学生，而运白菜中的数学问题则相形见绌，学生的兴趣点不在于数学问题，而在于情境，课堂上才会出现启而不发的尴尬局面。

苏霍姆林斯基说：“如果你所追求的只是那种表面的、显而易见的刺激，以引起学生对学习和上课的兴趣，那你就永远不能培养起学生对脑力劳动的真正的热爱。”创设生活情境，目的是引起学生对数学材料本身的兴趣。因此，本节课的情境创设应该抓住“三位数连减”这一数学本质问题，使学生产生“数学性”需求，这样才能有效促进学生致力于“三位数连减”的数学化探究。

当下数学课程与传统的数学课程相比，强调情境教学是一个显著特点，但也容易为情境所困扰。著名特级教师王永指出：在加强情境教学的同时，不可忽视“去情境化”的教学环节。也就是说，在加强横向数学化的同时，不可忽视纵向数学化。

案例　生活与数学的尴尬

（出示房间图，房间里的物品摆放得很乱）

师：看到这个房间，你想做什么？

生：（齐）房间里很乱，需要把房间里的东西整理好。

（教师板书：整理房间）

师：房间里的东西该怎样整理呢？请各小组同学商量商量。

（小组里四个学生议论开了，过了一会儿，教师请小组同学发表看法）

师：哪个组的同学来说一说，你们是怎样整理的？

生：我们是把身上穿的放在一起，学习用的放在一起，床上用的放在一起……

师：这样整理好吗？

生：（齐）很好！

师：有没有不同的整理方法？

生：我是把书放在床上，因为我喜欢在床上看书，所以，我把书与枕头放在一起。

师：这样可以吗？

生：这样也可以。

师：把书放在床上也是可以的。还有没有不同的放法？

生：把起床后要穿的放在一起，把鞋、衣服、书包等放在一起，这样比较方便。

师：同学们真聪明！能按照不同的想法来整理房间。

“整理房间”与“分类”有本质上的不同，“整理房间”是生活化的，它以“放在哪里”为标准；“分类”是数学化的，它以“是什么”为标准。这一片段教学只停留在“生活化”（整理房间）的思维层面，当教师再问“还有没有不同的放法”时，学生自然而然地将之与房间这一生活情境紧密联系在一起，以“摆放在哪里”为标准进行“生活化”的整理。“生活化”的整理是学生已有的生活经验，这是教学的起点，如果课堂教学只停留在“生活圈”里转，学生就得不到发展。只有让学生进入“数学化”的轨道，进行数学思考（按一定的标准分类），学生才能用数学的眼光审视生活，才能得到数学的发展，课堂教学才是有效的。

因此，可以作以下教学安排：首先出示房间图，让学生感受房间很乱，产生“分类”的需要，进入“分类”教学环节。然后将房间物品“抽象”出来（提供图片），让学生利用图片进行分类，引导学生多角度思考，但一定要强调“标准”（你是按什么来分的），只要学生的标准是合理的，就要认同。最后讨论“把归类好的物品放在房间的哪个位置比较合适”，让学生体会分类的生活意义。如果有同学认为应“把书放在床上”，教师要及时让学生明白：把书放在床上，只是把书放在一起，而不能把书与被子归为一类。这样，就实现了“数学来源于生活而应用于生活”的目的。

课堂的趣味性包括两个方面：一是吸引学生注意力的外在兴趣，这种兴趣有时能帮助学生掌握当下的数学知识，有时容易使学生游离于知识之外；二是真正吸引学生投入数学学习的内在兴趣，这种兴趣往往是从数学的本源出发，通过知识与知识之间的联系而获得，往往比较持久。

案例　从知识的原点出发

一、以旧引新

1. 出示：1 ÷ 2，谁能变出一个商和它一样的除法算式？

整理板书：2 ÷ 4，4 ÷ 8，…

2. 讨论：你是根据什么变的？

板书：商不变的性质：在除法里，被除数和除数同时乘以或除以同一个数（零除外），商不变。

3. 用分数表示出它们的商，再说说根据是什么。猜测这些分数的大小关系。

板书：被除数——分子　　除数——分母

$\frac{1}{2}=\frac{2}{4}=\frac{4}{8}$

4. 这些分数的分子分母都不一样，怎么会相等呢？

用讲故事、创设生活情境等方式引入更适合中低年级的孩子，面对高年级的学生，应该更加重视从数学的本源出发，唤醒旧知，生成新知，有效沟通新旧知识的联系，增加数学思维的含量，激发学生思维的积极性。

二、操作验证

1. 实践操作。每个同学各用一张同样大小的正方形纸，从黑板上挑选一个自己最喜欢的分数，折一折，涂一涂，用阴影部分表示出来。

2. 把学生的作品粘贴在黑板上，图与分数一一对应。

观察图形：什么变了？什么没变？涂色部分大小如何？再次得出：$\frac{1}{2}=\frac{2}{4}=\frac{4}{8}$。

3. 师：分数的分子和分母都发生了变化，而分数的大小不变，这里边藏着什么秘密呢？

打开文字、符号与图形语言之间的通道，让那些刻板的文字或符号变成鲜活的图形，从直观到抽象，从抽象到直观，让形象思维与抽象思维和谐共舞，增强学生思维的深刻性。让学生折一折、涂一涂表示分数，就是让学生直观感知“等分的份数”与“表示的份数”发生的变化，既直观地验证了这些分数的相等关系，又为下面的规律的探究搭好脚手架。

三、对比归纳（略）

兴趣是最好的老师，激发学生的学习兴趣是提高课堂教学效率的最重要策略之一。综合以上三个案例，我们还应该清醒地认识到，学生对学习材料本身产生兴趣才是学生持续发展的内驱力。根据学生不同的年龄特点与认知特点，激发学生从小学低段对知识点的学习兴趣，到高段对学科知识的学习兴趣，再到初高中对数学学科的学习乐趣，最后到对数学领域的学习与工作的志趣，是数学老师所向往的。

◆简约性原则

要从量上减轻学生的课业负担，就要做到作业前置，争取在课内完成老师布置的课外作业。作业前置的一个现实问题是如何缩短新授课时间，以节省出更多的时间让学生完成作业。

要做到这一点，就必须思考：哪些环节是重复的，可以不要；哪些知识是学生自己能掌握的，可以不教；哪些讲解或提问是啰唆的，可以不要；哪些活动是无效的，可以不要。课堂教学要聚焦教学重点与难点，深入内容的核心，切忌眉毛胡子一把抓。以下三个案例，或许会有益于你的思考。

案例　给课堂“瘦身”

石老师要承担一节区进修学校组织的公开课，课题是北师大版一年级下册“认识图形”。她把教学设计发到我的邮箱，为了让学生感受面从体来，她费了一些心思设计了许多活动。

1. 找一找

师：今天我带来了几位新的图形朋友和大家认识，你们想不想和它们交朋友呢？请小朋友们先欣赏一幅画——

师：(课件出示美丽的海底鱼)仔细观察，这条鱼是由哪些图形组成的？

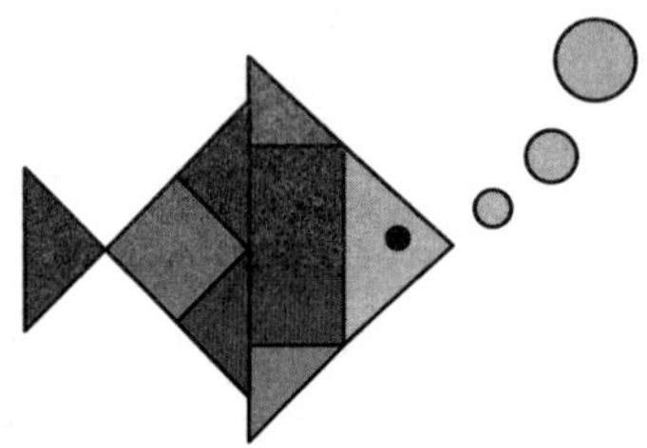

学生汇报，课件演示。教师再相应贴出4种平面图形并介绍图形的名称(分别是长方形、正方形、三角形、圆)。

2. 揭题

师：今天，我们就要来和这些图形交朋友。(板书：认识图形)

3. 感受面从体来

(1)摸一摸

师：同学们，你们想知道这些图形朋友的家在什么地方吗？我们到哪儿去找它们呢？

师：(手拿一个长方体)这是我们上学期认识的长方体。(用手摸着一个面)这个面的形状是黑板上的哪一种图形？(学生回答是长方形)

对，也就是说，从长方体的一个面上能找到长方形。

师：请每个小朋友从桌面上找一个长方体，把它举起来给大家看看，你能从长方体上找到长方形吗？

师：谁找到了？摸给大家看看，摸的时候你有什么感觉？还有谁能找到更多的长方形？

（2）找一找

师：你能从桌面上的物体上找到其他图形吗？大家找找看，同桌互相说说，你从什么物体上找到了什么图形。

师：谁来说说你从什么物体上找到了其他的图形？

学生汇报，一一介绍正方形、三角形、圆。

（3）移一移

师：接下来，我们把这些图形朋友从它们的家里请出来。

（用课件演示平面图形从立体图形中移下来的过程）

师：像这样把物体的一个平平的面用图形来表示，就叫作平面图形。（板书：平面图形）

（4）描一描，印一印

师：那么，同学们，你们想不想自己动手把平面图形请出来呢？动动脑筋，你有什么好办法将物体上的面移到纸上呢？同桌之间讨论一下。

学生汇报：用笔描或用印泥印。

师：是这样的吗？那就请你选择一种方法请出这些平面图形吧。

学生动手操作，教师巡视指导。

（5）展示作品，集体汇报

教师请几位学生分别在投影仪上展示作品，引导学生介绍自己印出的不同图形，并说出是用什么物体印的。

指导老师们上一节课，老师们一般会提供他们设计的教案，有些会让我听他们试讲的课。石老师试讲时让学生用多种感官认知，符合儿童的认知特点。听完课后，我总感觉课堂学习的“动作”太多，有没有这个必要？如找一找这条鱼中有哪些图形，是否有先入为主的嫌疑？通过摸一摸、找一找、移一移、描一描感受面从体来，是否在重复消耗教与学的时间，可不可以删除？相信每一个学生都摸过、看到过物体中的面吧。如果摸过、看过，为什么还要再摸、再找呢？

那么，什么样的活动最能使学生感受面从体来呢？

对了！只要用立体图形（物体）“印一印”变出平面图形来，不就非常直观、形象地说明了“面从体来”吗？

我对石老师的“摸一摸”、“找一找”、“描一描”等环节作了删除和改进。

一、揭题

师：（拿出一个袋子）同学们，想知道这里面有什么宝贝吗？

生：想。

师：我先说个谜语，你们猜猜看。上下一样粗，两面圆又圆，躺着会滚动，站着像根柱。

生：圆柱体。

师：（很神秘地从袋子里拿出圆柱体）猜对了！除了圆柱体，你们还记得有哪些物体？

生：长方体、正方体、球……

（一一介绍长方体、正方体、球）

师：今天这些物体要变出新的图形朋友给大家认识。（板书：认识图形）

既然是体会“面从体来”，首先从“体”开始，回顾一年级上学期学过的各种“体”，这又为感受“面从体来”作好了准备。

二、体会“面从体来”

师：咦！新图形在哪里呢？别急，看我怎么把它请出来。

（教师给大家表演：先贴一张白纸在黑板上，然后用四棱锥蘸上印泥一印）

生：哇！一个三角形。

师：原来你们早就认识它啊！

（教师贴出相应的图片——三角形）

师：对了，像这个面的形状我们就把它叫作三角形。

师：哪位同学能像老师一样再变一个新图形？

（请一位学生上台来变，并引导学生介绍是用什么物体变出的新

图形）

生：我是用长方体变出了长方形。

师：你们想不想自己试一试？

生：想！

师：那就自己动手变魔术吧，看看你能不能变出更多的图形。

（学生动手操作，教师巡视指导。然后展示作品，集体汇报。请几位学生分别在投影仪上展示作品，引导学生介绍自己印出的不同图形，并说出是用什么物体印的。）

师：下面让我们再回顾一下，它们都是从哪些物体上找出来的。

（课件演示平面图形从立体图形上移下来的过程）

生：它们都是物体上的一个面，都是平平的，所以它们叫作平面图形。

（教师板书：平面图形）

……

“一蘸”、“一印”的简单动作就极易让学生体会出“面从体出”。以“变魔术”的方式激发学生的探究兴趣，摒除了过多的学习形式，可以留出更多时间使问题探究变得慢而深入。围绕着“印一印”的活动，让学生深刻感知和体会到，知识的得出不需花费太多的工夫，只需老师稍稍一点拨，学生细细一琢磨，知识就很容易在游戏活动中得出来了。这样，课堂教学就变得简单有效了。

案例　比较教学最为简单

1997 年我在福州听过一位老师的课，很有特点。课堂教学的内容是长方形与正方形的认识，通过与学生交流对比授课老师与授课班级原任女教师的相同与不同之处，让学生认识到授课老师的特点，这拉近了与学生之间的关系，更为重要的是，让学生明白一个道理：比较两个事物的相同点与不同点，很快就能找到事物的特征。接着比较长方形与正方形的相同点与不同点，聚焦长方形与正方形的关键特征，体会两者间的关系。

这是一位智慧型的教师。

比较是数学教学的一个最为重要的方法、策略。人们对所学事物的理解，取决于学习者聚焦于事物的关键特征，而剥离那些非本质的特征。与研究对象相似的事物进行对比，在“相同与不同”、“变与不变”中帮助学生聚焦事物的本质特征，能取得事半功倍的效果。

北师大版五年级下册第五单元“分数混合运算”中有一道例题：小刚家九月份用水12吨，比八月份节约了$\frac{1}{7}$，八月份用水多少吨？这道例题可以说是小学阶段最难理解的分数问题之一。

如果借助一、二年级学过的“比多比少”问题进行前后知识与方法的对比，就非常容易理解。

教师首先出示：小刚家九月份用水12吨，比八月份节约了2吨，八月份用水多少吨？明确三个数量关系：大数－小数＝相差数，大数－相差数＝小数，小数＋相差数＝大数。

然后将题目改为：小刚家九月份用水12吨，比八月份节约了$\frac{1}{7}$，八月份用水多少吨？与上一题对比，数量关系一样（解题方法不变），只是相差数由实际数量变为“$\frac{1}{7}$”，最为关键的是要知道$\frac{1}{7}$的实际数量就行了。由此把解决问题的关键聚焦于“谁的$\frac{1}{7}$”上。

明确是“八月份的$\frac{1}{7}$”后，选取一个数量关系列出方程，问题就解决了。

案例　应用题只有两类

在学生的认知世界里，应用题的学习最为困难，千变万化，题型很多，容易混淆。在我看来，应用题只有两类：一类是总量与部分之间的关系，或者是大数、小数与相差数之间的关系，任何加减法问题都可以靠这个关系或者模型去解；另一类是每份数、份数与总数之间的关系，或者是距离＝速度×时间，或者是总价＝单价×数量，任何乘除法问题都可以用这一关系或者模型去解。其他模型都是在这两个模型的基础上变化而来的，只不过是问题情境和条件与问题的变化而已，但万变不离其宗。

如果教师能认识到这一点，但教学就变得简单多了。

值得重视的是，解应用题有两种方式——一种是用算术方法解，另一种是用方程解。无论是用算术方法解还是用方程解，数量关系都是一样的。

也可以说，解题的方法是相同的，只是方式不同而已。但是，很多教师没有注意到这一点，在低年级应用题教学时就为后面的方程教学留下了隐患。如低年级学习简单的逆向思维问题："有5个苹果，吃了一些，还剩3个。吃了几个？"学生列出5-（2）=3时，教师不允许学生这样列式，要求他们用5-3计算。长此以往，学生会觉得，解决问题一定要用算术方法解。到了高年级学习方程时就很难扭转过来了。因此，低年级的教学要有意识地渗透方程的思想。

要体现数学教学的简约性，从教学内容的整合、教学过程与环节的简约、教学方法的优化以及数学知识的归类压缩，使教师的教学简单有效，使学生的学习轻松快乐。

1.3 三规律

"教学有法，教无定法"，是教师常挂在嘴边的一句话。我们怎么正确地理解并灵活地运用这句话呢？教学有一般的、通用的方法，是根据教育规律和教育对象的特点而制定的。对于不同的内容，不同的老师、不同的学生可以选择不同的方法，而选择什么样的方法必须遵循教育的规律，按教育的规律办事。

简单教数学必须遵循教学的规律、学生认知的规律和学生成长的规律。

◆ 教学规律

教学规律最为重要的一条是：因材施教。

不同的人应该接受不同的教育，对不同年龄阶段，不同智力水平、非智力因素水平，不同性别，不同程度的学生要区别对待。这样才能真正做到以学生为本，以学生的发展为本。

怎样才能做到因材施教呢？下面三个案例，也许对你有些帮助。

案例　他为什么会"差"

作为教师，最为头疼的事莫过于班里有几个"麻烦制造者"，也就是大家认为的所谓“差生”。他们不仅影响班级管理，而且拖班级成绩的后腿，成为教师的一块挥之不去的心病。因此，补课成为教学的一项重要工作，教师的“苦”与“累”多源于此。

多年来，补课花费了我大量的时间和心血，结果却收效甚微，我常常为此而苦恼。曾经教过一届毕业班，班上有一个叫明的学生，我花了十分的力气，终于使经常考三四十分的他成为能考八九十分的“中等生”。明上初中后，我经常提起他的故事来炫耀自己的教学成果。有一天上午，我遇上了在街上溜达的明，好奇地问他：“今天放假吗？”明不好意思地说：“我不上学了，在学校待不下去。”一句话给了我当头一棒，之后我了解到明在初中的学习情况，他的数学成绩又回到了原来的状况。我有一种说不出的感觉，难道我的心血都白费了？

我开始深思……

上小学的时候，我是一个名符其实的“差生”，毕业考试成绩为76分，那可是语文加上数学的总分，数学只有25分。上初中后，只用两个月的时间，我的半期成绩就从全班第五十二位进到第四位，再过两个月，期末考试成绩名列第一。相比之下，明的起点远高于我，为什么他就无法继续学下去呢？我清楚地记得，正是毕业考的“76分”深深地刺激了我，让我开始懂事了，使我萌发了学习的愿望。有了学习的愿望之后，进步的潜力是巨大的。而明恰恰没有这种愿望。

明的数学“88分”是我用时间和体力跟他“泡”和“磨”出来的，他的“恶习”和“惰性”并没有改，当没有人跟他“泡”和“磨”的时候，结局可想而知。治病不能只治标，还要治本啊！我的思想开始转变……

我到底要给学生什么呢？

自那以后，我对待学习困难的学生的做法彻底改变了，不再给他们盲目地补课了，必须找准学习困难的学生之所以困难的根源。如果是因为习惯不好，就想办法培养习惯；如果是学习基础不好，就强化基础；如果是心理出现问题，就从培养健康的心理出发……

正所谓因材施教也。

案例　不要跟风

许多学校根据自己的实际，大胆尝试，改革课堂教学方式，创造了自己的教学模式，如杜郎口、洋思中学的“先学后教”的课堂教学改革风靡全国；许多教师根据自身的特点形成了自己的教学风格，如吴正宪老师的“爱与美的结合”、华应龙老师的“数学文化”、刘德武老师简单朴实的教学魅力与教学风格。许多学校与教师在模仿与套用，却往往以失败告终。

为什么？

因为你的学校不是杜郎口、洋思中学，你也不是吴正宪、华应龙、刘德武老师，何况你的学生也不一样！按照他们的模式与风格教学，你可能会走入另一个极端。

教学有法，教无定法。但不管用什么样的教学方法，都不能违背教的规律。

如对“先学后教”的教学方式，不能简单地理解，只有认识到位，才能按规律办事，才能取得实效。

一、小学低年级的学生以形象思维为主，教学时需要大量的动手操作和图示作业。这一阶段主要依靠教师，应该把“先学后教”变为“以教导学”。

二、“先学”环节是放在课前还是放在课中？如果放在课前，势必增加学生的课业负担，这不是我们所希望的，应该把“课前先学”变为“课中先学”。当然，对学习能力强的学生，可以鼓励他们课前先学。

三、许多地方要求教师写导学案，导学案与教材有什么关系？教材能否起到导学的作用？我认为教材完全能起到导学的作用，关键是教师有没有下工夫引导学生阅读教材。如果学生能读懂教材，它所发挥的作用一定比导学案更有价值。如果一个学期下来，学生的书还是新的，书上没写几个字，教材当然就发挥不了什么作用。

案例　找到教的那条“路”

弗赖登塔尔说：“学习数学唯一正确的方法，就是让学生进行再创造。”数学教学应扎根于学生的常识和经验，超越对数学技巧性的过度追求，深入情境性问题的数学核心；让学生经历类似数学家的数学活动过程——数学的猜想、合情推理、探究、检验、证明，并不断重组新的常识或经验，从而发展学生的数学思维。教师要把教学的着力点放在引导学生进行知识的“再创造”上，鼓励学生大胆地进行各种可能性规律的猜想，并尝试用多种策略验证，在师生互动、生生互动中体验数学学习的魅力。

数学教学就是让学生在解决实际问题的教学中，经历这一数学化过程：

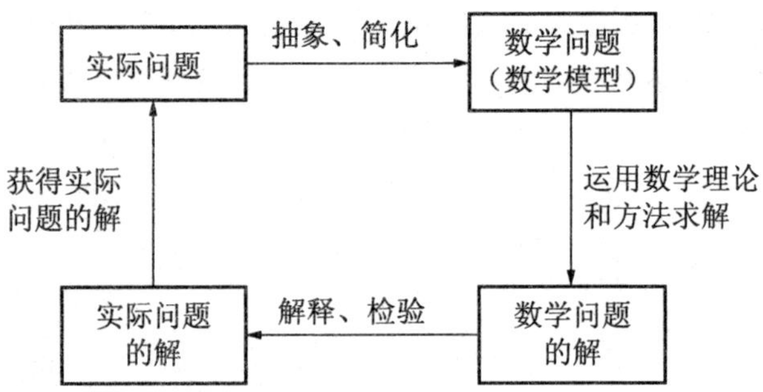

相信著名特级教师王永老师的教学观点能点亮我们的眼睛。

数学教学应遵循儿童学习数学的心理规律，经历从动作认知、图形认知到符号认知的教学过程，如北师大版一年级上册“加减法（一）”里“2+3”的教学过程：

1. 引导学生通过布置情境、操作情境，解决加法问题，获得数学事实。

2. 引入算式记录解决问题的过程与结果，即 2+3=5 。

3. 从“2+3”怎么算出结果“5”呢？

方法 1：记住“2+3=5”的数学事实，算出结果。

方法 2：2+3=2+1+1+1=5。这里就是纵向数学化，需要用到抽象思维与数学推理，沟通数学符号之间的联系。

4. 理解加法是“继续往下数”的计数策略。

在这一活动中，经历了横向数学化与纵向数学化的过程。横向数学化把学生从现实世界引到符号世界；纵向数学化是指在数学的符号世界里，符号的生成、重塑和被使用，是机械的全面的相互呼应的。

不同学生的学习是有差异的，但也有共性。数学教学有其一般的规律可循，尊重数学教学的一般规律，找到教的那条“路”，学习就会变得顺畅、自然。但是，不同的学生又要采用不同的方法。这样，教学的投入与产出才能成正比，甚至可以以较少的投入获得成倍的产出。

◆认知规律

学生的认知有其规律可循，教学要求实、求新甚至求异。所谓“教学有法，教无定法”，是指同样的内容，可以有不同的课堂演绎；但不同的演绎，都必须尊重学生的认知规律。

一、学生往往对自己熟悉的材料（事件）比较感兴趣。课堂教学所提供的材料不同，对学生的影响也不同。要提供什么样的学习材料，应该考虑学生的家庭背景和地域背景，并对所学材料进行艺术加工或者包装，以达到最佳效果。

二、数学教学应该从学生的生活经验与知识经验出发，找准学习的起点；要尊重学生的生活经验与知识经验，找准教学的起点。相信每一位数学教师都明白这一道理，可难以把握的是，班级学生的学习程度有差异，学习起点也不一样。因此，找准学习的起点非常重要。

三、学生的数学学习往往是从形象思维开始的。儿童的认知是从动作把握与形象把握开始的，而不是从抽象的符号开始的，我们应该重新认识感性教育的重要性。反思我们的教学，让学生动手操作，需要花费比较多的时间，甚至要冒课堂变乱的风险。因此，教师为了节省时间，按时完成任务，在学生没有做好充分准备的情况下就急于抽象，导致“数学太难”、“数学太枯燥”的概念自小就扎根在学生心中。教师要想改变这一现状，就要舍得花时间发展学生的形象思维，关键是，教师要搭好从形象思维过渡到抽象思维的“桥”。

本节介绍的三个规律，在我的教学实践中，一直被奉为铁律。读完以下案例，相信你会理解为何我会如此重视这三个规律。

案例　“圆”就在我身边

数学教学往往比较重视解决现有的数学问题，即课本上已经经过数学处理的问题，却没有实际问题的概念。因此，学生一遇到实际问题就不知所措。

笔者所在学校把跳绳当作培养伴随学生一生的运动项目之一，每个孩子都有一根属于自己的跳绳，小课间、大课间，操场上、走廊边，绳在飞舞，孩子们在老师的指导下，学会了单摇、双摇甚至三摇、四摇，跳绳的方法、比赛规则五花八门。在跳绳的展示活动中，我为孩子们的精彩表演而吃惊。

在一次六年级的跳绳比赛中，有些孩子由于没有处理好绳的长短而影响了成绩，有些孩子在团体赛时因为站队不科学、不合理而影响了水平的发挥。

如果不解决这些问题，不思考怎么跳才能在规定的时间里跳得多，只是加强训练，到一定程度就很难再提高成绩了。其实，跳绳运动中有许多数学问题，如果解决了这些问题，跳绳成绩将会提高得很快。

于是，我与数学组的老师指导六年级学生开展“跳绳中的数学”主题实践活动，孩子们结合刚刚学习的圆的知识来解决跳绳中的问题。如单体跳中如何转动跳绳是很有讲究的，用整只手做半径甩动跳绳比用手腕带动跳绳，绳子划出的弧度大，跳一次所用的时间多；相反，用手腕做半径摇动跳绳，绳子划出的弧度小，跳一次所用的时间少，相同时间内跳的次数就多。团体跳时，圆的直径上的各点到圆上的距离中，圆心到圆上的距离（半径）最长，因此，高的学生站在中间，矮的学生站在两边，他们就不容易碰到绳子了。

学生明白了其中的道理后，跳绳比赛的成绩果真提高得很快。

老师们创造了许多巧妙的方法教学“圆的认识”，如制定套圈游戏的规则、利用小石块落进湖水中形成的水圈等。我曾经与学生用纸片和牙签做陀螺，研究“怎样制作陀螺才能转得又快又稳”来认识圆。同学们讨论的问题主要有三个：陀螺的转盘为什么做成圆，而不选择长方形、正方形等其他图形？转轴应该穿在圆的哪个位置才转得稳？圆与地面也就是圆心与地面之间的长度是多少比较合理？在讨论交流、动手制作、分组竞赛中认识圆，取得了非常好的效果。

生活的数学、活动的数学，才是有魅力的数学。

案例 “牛肉丸”的启示

初接四年级一个班，有一种新鲜感。然而，上了几节课后，我发现一个叫斌的学生喜欢举手发言，但他的发言总是牛头不对马嘴，经常引起一阵笑闹声。之后，他举手，我就装作没看见。渐渐地，他就失去了举手的兴趣。没事做又闲不住，不是动这就是动那。不仅经常在班上与同学闹别扭，还经常与别班的同学打架。最让我头疼的是，班上有了这样一个捣蛋鬼，课都没法上。几次单元测试下来，他都不及格，如果用百分制计分，他的分数全是个位数。这样的学生，是我从教二十几年都没有遇到过的。

怎么办？我开始实施我为他制订的转化计划：每天要求他上课坐好，认真听讲，并与家长联系，保证他能做完当天布置的作业。可他根本就坐不住，经常扰乱别人，弄得同学与老师每天都有气受，更不用说做作业了，这“小子”根本就是乱涂乱画了事。经过几个月的较量，我败下阵来，开始泄气了。

与斌的前任班主任范老师一起值日，聊起这“小子”的事，范老师也一脸无奈。她说她也尝试过单独辅导，家长也请过家教，但都无济于事，结果只好放弃了。

在交流过程中，一件事引起了我的注意：这“小子”数钱很有办法，因为他家开牛肉丸店，所以他对钱很有感觉。

我找他试了试：“一碗牛肉丸一块五，四碗多少钱？”

“四碗六块钱。”这“小子”脱口而出。

“那九碗呢？”

他用手指比了比，自言自语道：“九块加上九个五毛，一共是十三块五。”

看来这“小子”并非弱智！我又重新找回了自信，开始了新一轮的转化计划。

我以牛肉丸为背景材料，首先解决计算问题，让他知道他的计算方法非常好，先乘十位数，再乘个位数，然后把两次乘得的数加起来。接着告诉他一个新的方法：先乘个位数，再乘十位数，然后把两次乘得的数加起来。最后教他如何用竖式表示出来。

真没想到这“小子”学得这么快！辅导了三次就解决了两位数乘三位数的“难题”。我开始批准他可以不做老师布置给其他同学的作业，每天给他布置稍简单的题目，第二天一早就交给老师批改。

这“小子”配合得比谁都好！每天放学的时候，就如约到我的办公室接受我几分钟的培训，让我布置“特殊作业”；第二天一早就到我的办公室交作业，让我给他盖上一个大拇指印。因为不管怎样，只要做了，我都不会吝啬在他的作业本上盖个大拇指印，何况他的作业确实做得不错。

就这样你来我往，我发现这“小子”真有耐力。有时，因为学校其他工作比较忙，放学时我不在办公室，他总有办法找到我，让他带回那应该属于他的“特殊礼物”。这样，第二天他又可以得到一个“大拇指”。

唉！没办法，谁能料到自己会遇上一个“橡皮泥”呢？尽管我“烦”，但还真不“厌”。

单元考试成绩又出来了，他还是没及格，可我告诉全班同学：斌考了47分，比原来多了39分，是班上进步最快的，综合评定是“优”。这时，课堂上鸦雀无声，过了一会儿，不知谁带了个头，班上响起了热烈的掌声。

看着斌，我似乎找到了他久违的那份自信。

［我的思考］

学习困难的学生，往往也是行为不良的学生，令许多老师头疼，我们习惯称之为“双差生”。教师付出了很多心血，但收效甚微，他们为没有“灵丹妙药”而感到苦恼。

那么，该怎么办呢？

首先，你是否了解学生？斌喜欢举手发言，说明他想参与，可惜我没有很好地引导，采取的是消极的态度，浇灭了刚刚点燃的火种。斌动这动那，严重扰乱课堂秩序，那是对老师的“报复”行为，意在引起老师的注意，他需要别人特别是老师的关注。再说，基础薄弱的他上数学课就像读“天书”（不认识几个字），上课不动一动，呆呆地坐一整天，是多么痛苦的一件事啊！他能动这动那，说明他不呆，孺子可教也！

其次，你的方法是否适合学生？“教学有法，教无定法，因材施教”是我们常挂在嘴边的一句话，孩子的智力是多元的，思维特点有共性，也有个性，必须寻找到适合他们的教育方法。斌长期以来被数学拒于“门”外，就是因为他的生活背景（经验）与新知识没有对接和同化，他虽然数钱速度快，对计算却找不到感觉。因此，我从斌的思维方法切入（先乘十位，再乘个位，然后相加），到数学的一般方法（先乘个位，再乘十位，然后相加），再到用竖式计算，让他先以牛肉丸为背景学习计算，增强数学的亲近感，很快打开了通向数学的“窍门”。

第三，跟进策略是否科学？相比全班其他同学而言，斌是“特殊人物”，就要有“特殊政策”，不能同等对待。给他布置“特殊作业”，采取“特殊成绩”的评价，让他也能享受成功的快乐，让他找到自信。

案例　为什么从高位除起

（简单复习一位数除一位数）

师：今天我们学习一位数除两位数，这里有 4 捆 2 根小棒，每捆小棒是 10 根，平均分成 2 份，求每份是多少，怎样列算式？

生：（齐说）42 除以 2。

师：请小组同学用这 4 捆 2 根小棒分一分，根据分的方法写出竖式。

（小组操作并讨论后，请 8 个组的同学将竖式写在黑板上，引导学生通过对比发现主要有三种竖式）

```
    2 1            2 1            2 1
  ______         ______         ______
2/ 4 2         2/ 4 2         2/ 4 2
   4 2               2           4
  ______         ______         ______
     0             4                2
                   4                2
                 ______         ______
                     0              0
```

师：不同的算式，结果都一样。你们是怎么想的呢？

生：直接用口算的方法，知道每份是 21 根。

生：先分单根的，再分整捆的。

生：先分整捆的，再分单根的。

师：请大家按刚才的分法用竖式计算 52÷2，有困难的同学可以借助小棒。开始行动吧！

（在学生列竖式计算时，我发现：直接用口算的同学感到吃力，转而学着用其他两种方法算；先除个位的同学必须除三次，在计算时遇到了麻烦；而先除十位的同学自然比较顺利地算出了结果。我请同学上台板演，黑板上出现了两种竖式。）

```
    2 1            2 6
  ______         ______
2/ 5 2         2/ 5 2
     2             4
  ______         ______
   5               1 2
   4               1 2
  ______         ______
   1 0                0
```

师：唉！没有原来的第一类竖式了？

生：口算有些困难了，还是用竖式好。

师：第二类竖式怎么算不下去了？

生：我们先除个位上的 2 得 1，再用 2 去除十位上的 5 商 2 余 1，这个 1 是 1 个 10，10 除以 2 得 5，这 5 写在哪儿呢？

师：这样算，到底商是几啊？我们用小棒分分看。

生：先分单根的，平均分成 2 份，每份是 1 根；再分整捆的，5 捆平均分成 2 份，每份得 2 捆，还剩 1 捆；拆开再分，每份分得 5 根；加上前面的 1 根，每份一共是 2 捆 6 根，就是 26 根。

（实物演示分的过程）

生：21 加上 5 应该等于 26，要把 1 擦去，改为 6。

师：是有点麻烦！再看第三个竖式，你们是怎么想的？

生：我们是先分整捆的，平均分成 2 份，每份是 2 捆，把剩下的 1 捆拆开，加上 2 根再分，每份分得 6 根，一共是 26 根。

生：嘻嘻！这样就不用那么麻烦了。先除十位上的 5，得 2 余 1，1 个 10 加上个位上的 2 是 12，12 再除以 2 得 6，直接在个位上写 6，商是 26。

师：看来你们的方法好！课本里也是这样介绍的，请大家看课本第 48 页。

……

［我的思考］

数学知识是数学家在长期的实践研究中总结出来的，自然有其科学性与合理性，除法中的竖式计算也是这样。“从高位除起”是除法竖式计算法则，是教师告诉学生，还是让学生自己发现呢？

建构主义强调，学生是信息加工的主体，是意义的主动建构者，而不是知识的被动接收者和被灌输的对象。教学不能无视学生已有的知识经验，不能简单强硬地从外部对学生实施知识的“填灌”，而应把学生原有的知识经验作为新知识的生长点，引导学生从原有的知识经验中产生新的知识经验。教学不是知识的传递，而是知识的处理和转换。教师应该重视学生自己对各种现象的理解，倾听他们的想法，思考他们这些想法的由来，并以此为依据，引导学生丰富或调整自己的解释。

在“一位数除两位数”的教学中，“为什么要从高位除起”是教学的着力点，学生已学过了被除数是一位数的除法，现在被除数增加了一位数，学生首先自然必须考虑“先除哪一位”。

儿童认知发展的三个阶段是：从动作认知开始，反映操作水平；二是图形认知，反映表象水平；三是符号认知，反映分析水平。学生根据自己的经验（分小棒）列出了各自的竖式，不同的分法表现出不同的思维过程，不同的思维都有其形象作支撑。当出现“52÷2”时，不同的学生作出了不同的反应，用口算的同学自然往竖式“靠”，先除个位数的学生觉得“麻烦”，大家不约而同地相聚在一起——“从高位除起”。

俗话说：强扭的瓜不甜。“从高位除起”并不是规定、强制而成的，而是根据实际操作的“需要”主动建构的，“先分整捆的”比“先分单根的”的抽象化、数学化的竖式计算更加方便，计算方法也就自然生成了。

学生的认知有一定的规律，那么，数学教学就要尊重学生的认知规律，学习内容的选择要适合不同年龄、不同地域的学生；要从学生的生活经验和知识经验出发，利用学生的经验为教学服务；要发展学生的形象思维与抽象思维，让形象思维与抽象思维和谐发展。

◆成长规律

人的成长有其规律可循，如果违背了人的成长规律，我们的付出可能就没有回报。

人的一生就像马拉松长跑，刚开始如果跑得快，拼命往前冲，虽然会领先于别人，但用尽了力气后，就跑得慢甚至放弃往下跑。我们发现，小孩子比成人辛苦，小孩子白天在学校学习，晚上还得做作业；而成年人白天工作，晚上则是自由的，可以喝酒唱歌，休闲娱乐。

大部分学生在低年级的时候可以考 90 多分，但越往高年级，能达到 90 多分的则越少。许多人对此见怪不怪，认为年级越高，知识越复杂，学习成绩自然越下降。没有人想过，学生学习的过程是学生成长与知识成长的正比例发展的过程，按照这一原理可以推断，学生学习成绩的下降，不是教材内容越来越难造成的，而是因为学生开跑时就累坏了，支持不住了。

学生的成长是慢的，因此，教育是慢的事业。教育应该顺其自然，一切急功近利的教育行为都可能造成无法弥补的损失。只有教师的教育行为真正触及学生的心灵深处，教育才会真正发挥作用。

以下三个案例，可能于你对学生成长规律的认识有所帮助。

案例　我是坏人吗

童年的经历是我一生宝贵的财富，每当有一点闲暇时，我就会美美地品味童年的事情。

回忆往事，历历在目。我捉弄过代课教师，至今还记得那位女教师伤心的眼泪；偷过生产队的西瓜、甘蔗和地瓜；班里唯一一个女生是我的同桌，常被我气得直哭；学校在村头，由于贪玩，下课时跑到村尾，赶不回来上课，常被老师罚站；傍晚偷着去游泳，常被老师逮住……家里人忙于生计，对我干的“坏事”一直都不知道。由于贪玩，我的成绩很差，勉强进入初中学习。

我真是个坏人吗？不是。随着年龄的增长，我慢慢地明白了什么事情可以做、什么事情不应该做。上初中两个月后，半期考试成绩出来了，我的总成绩从入学时的全班第五十二位上升到第四位；两个月后的期末考试，总成绩已经上升到第一位。所以，老师认定我是个“天才”。

我到现在也想不明白，为什么上初中时突然醒悟过来，萌发了读书学习的愿望。假如小时候家长强压着我读书，我不知道结果又会是怎样的。

在此我想将自己从这段经历中悟出的一个道理与老师们分享：不要把犯错的孩子看成坏人，因为人往往是在犯错中成长与成熟起来的。人一旦有了学习的兴趣与愿望，进步的潜力则是巨大的。

有时我在想，如果人的一生注定要犯错，我宁愿把所有的错误都犯在小时候，而不想长大后再犯错。长大后所犯的错，往往是破坏力强的大错。

那么，当学生犯错时，老师应该怎么做呢？应该用专业的方法帮助他自觉地纠错。我常用的策略是想办法使学生没有犯错的时间与空间，从而把他们引导到学习的轨道上来。

案例　从喜欢打架到喜欢学习

开学了，我被安排到三（7）班任数学老师，还没接触到学生，一个家长就找上门来，说他的孩子丰从读幼儿园以来就喜欢打架，为此他操碎了心。起初，我还没将这件事放在心上。上了一周的课，这个学生的“恶行”让我很头疼。他的确是个“好战分子”，打架已经上“瘾”了，每天都和别人打架，经常打得同学头破血流，而且对老师的批评教育是左耳朵进右耳朵出。

家长们已经联名“上诉”了，要求学校开除丰。

我虽未当班主任，但帮丰戒“瘾”也是分内之事。我与班主任郑老师谈了我的“计划”，得到了郑老师的大力支持。

数学课上，我宣布了一个决定：“从今天开始，班长由同学们轮流担任，首先由丰同学担任班长，任期一个月。”我故意将任期定为一个月，以便实施我的计划。

“值日班长有两大职责：一是下课10分钟内将黑板擦得一尘不染，让上课老师看到我们班的黑板是最干净的；二是放学时打扫班级卫生，将课桌摆得整整齐齐。值日班长的工作每周一评。我相信丰同学一定能当好第一任值日班长。”

如果丰能认真履行职责，就没有时间与别人打架了，因为打架往往是在下课10分钟和放学时间，我为我的如意算盘而得意。

丰做得比我想象中的还好，我一进教室，首先就向同学们提出两个问题：“今天的黑板是谁擦的？干净不干净？”“今天的桌椅是谁摆的？整齐不整齐？”而且，我与其他任课教师达成一致意见，让每个老师上课前都先提两个问题，以激励丰把工作做得更好。

两个星期很快就过去了，班队课上，同学们都表扬丰不和同学打架了，丰站起来不好意思地说：“这两周哪有时间啊！忙得我都忘记打架了。”

我必须给他来点新鲜的：“班长是班级的领导，一个好的领导要能组织全班同学干活，下一期的板报由丰同学来安排，大家要积极配合。”因为以前“得罪”过许多同学，丰显得很为难。

这一周，我用心观察，发现他工作做得很辛苦，平时以自我为中心、目中无人的丰此时变得低三下四，他分配的任务，很多同学不当一回事，只有远和捷愿意帮忙。这一周，丰经常向我“告状”。板报终于出好了，不太理想，不过，没关系，让他体会到与他人合作的重要性才是我所要达到的目的。我表扬了丰和配合出板报的几位同学。

最后一周，我又布置了新的任务：“一个优秀的班长必须是学习的强者，是班上的‘小老师’，从明天开始，我会让班长当我们大家的老师，给大家上课。”我要把丰的注意力引到学习上来。

丰没想到老师把他抬得那么高，为了当好“老师”，他必须提前自学，我也会对他作课前辅导，没想到这“小老师”当得真不赖，课上得有板有眼，课堂上变成了大小两个老师在上课，也许这是我教学生涯中的一个创举。

从此，丰变得一发而不可收。三年级上学期还未结束，他已学完了全册的内容；到了四年级，他已完成了六年的学业；小学毕业时，听说他把初三的内容全都学完了，难怪一些难题他老用初中的方程来解。

让我担心的是，他上课越来越不专心了，但又找不出理由整他，因为每次考试他都考第一名，谁都撼动不了他。他说：“课上的内容全懂了，强迫自己听，等于浪费时间。”于是，我批准他上课时可以做别的事情，但提醒他不要影响别人。

他成了学校的“数学明星”，摘掉了“打架明星”的帽子。

［我的思考］

儿童喜欢表现自己，以获得他人的表扬与肯定。当他们的某些需要得不到满足时，就自然利用其他手段加以“发泄”，以获得心理上的满足感。丰很聪明，但喜好打架，因为长期得不到表现自己聪明的机会，而不能获取学习上或行为方面的肯定与表扬，所以就用“打架”来证明自己的实力。因此，我给他提供表现的平台，让他当“值日班长”，负责擦黑板与打扫卫生，“剥夺”了他打架的时间，以此转移他的注意力。在此期间，丰得到大家的广泛关注（今天的黑板是谁擦的？今天的地是谁扫的？），并得到及时、具体、经常性的反馈（表扬），这样就有效地促进了他往正确的方向转变。

从擦黑板、打扫卫生，到出黑板报，再到当“小老师”，这是一个渐进的过程。擦黑板、打扫卫生“剥夺”了丰做坏事的时间。出黑板报与当“小老师”更具挑战性（有知识含量），出黑板报需要与他人合作，因此丰要放下高傲的架子，体会与他人合作的重要性；当“小老师”则把他的注意力引向学习，当然，当“小老师”不是每一个学生都适合的，而丰的思维能力强，好表现，当“小老师”使他一发而不可收，培养了他的自学能力。

“儿童心理发展的内部矛盾——内因，是推动儿童心理发展的动力。但是，内部矛盾的运动在任何时候都离不开一定的外因。教育是儿童心理发展的最主要外因。如果只有外因的作用，而儿童没有相应的需要，教育是不可能发挥作用的。如果只有内因，而没有适当的教育，儿童的心理也无法得到发展。也就是说，儿童心理的发展主要是由适应儿童心理内因的那些教育条件决定的。因此，教育要想充分地发挥作用，就一定要考虑到儿童心理发展的内部矛盾，考虑到儿童现有的心理水平和需要。”(《教育发展与教育心理学》) 丰的转变就是内外因相互作用、协调发展的结果。

案例 “赌”出来的自信

遇上海，他便成了我的研究对象。

海并不是一个“麻烦制造者”，但他是一个十足的“硬骨头”。海从来不做作业，听说在自家放煤炭的房间里被关过“禁闭”，更厉害的是曾经被父亲用绳子吊起来打过，老师叫他到办公室补作业，他背起书包就从后门溜了；班主任张老师经过多个回合的较量，发现只要先留住他的书包，他就乖乖地听话了，我也试了几次，这招果然见效。

每天傍晚，海都要在我的眼皮底下做完作业，而且每次都得满分我才罢休；课堂上，我也专挑简单的问题问他，让他露露脸。过了一段时间，情况发生了变化，放学的铃声响了，我走进办公室，海已经坐在我的办公桌旁做起了作业，我心里暗暗高兴。

每周的文体活动课，我都把学生带到操场上，组织班级足球队、乒乓球队等进行“集训”。海与往常一样，没有与同学们在一块儿玩，而是独自在沙堆上玩起了沙子。我有意走过去与他聊天，几个同学也跑过来凑热闹。

“明天就要单元考试了，海考个 80 分没问题。”我开始搭话。

“不可能，考 20 分就不错了。”“这么笨的人，能考 80 分？”旁边的同学在取笑他。看来，同学们一直用这种眼光看他。

“那咱们来赌一赌，看他能否考 80 分。”

“戴老师，如果你输了，就把烟给戒了。”真没想到，同学们的条件是让我戒烟。

每次测试，海都是第一个交卷。其实，他根本就没写几个字，只是表示自己做得快而已。为了让海能做完全部试题，并且在这次打赌中获胜，考试时我始终站在他旁边，他出现失误时，我就敲敲桌子，暗示他改正。他做得特别认真，破天荒地完成了全部试题，我这才放心地离开了。

收好试卷后，我迫不及待地抽出他的那一张，很快成绩就出来了，我给他写了 83 分，其实按标准扣分，应该是 78 分。这次“造假”，我一直深藏在心里。

第二天讲评课前，同学们的试卷都发下去了，我特意把海的那张藏在抽屉里。因为没看到自己的试卷，海显得很紧张，把整个脸都埋在课桌上。

“昨天，我与几个同学打赌，赌海能否考80分。你们猜一猜，他考了多少分？”我说道。

“20多分”、“30多分”、“40多分”、“50多分”，同学们争先恐后地猜测着。我连连摇头。海露出一只小眼睛偷偷地看着我。

“不可能考及格吧！”不知谁冒出了一句。

我慢慢地从抽屉里取出试卷展开，双手举起，让同学们看得更清楚。

“哇，83分！”同学们惊呼起来，不约而同地把目光投向了海，海赶紧把露出的那只小眼睛缩了回去。

这时，我介绍了海近段时间的学习情况，并告诉同学们：“海其实是一个很聪明的学生，每天都能完成作业，是班上进步最快的一个，因此，他这个单元的综合成绩是‘优’。”我平时给学生的成绩有两个：一个是卷面成绩，一个是综合成绩。

当天晚上，我把这个好消息告诉了海的父亲。第二天，他来到我家，我给他的“任务”就是不断地鼓励海，树立海的学习自信心。于是，我又有了一个好帮手。

之后，海一遇到问题，就会主动找上门来。他的成绩虽经常出现反复，但总体呈上升趋势，有一次他还考了98分呢！

我坚信，人一旦有了自信，找到了自我，就会迸发出无穷的智慧与力量。

［我的思考］

苏霍姆林斯基曾说：“没有不想成为好孩子的儿童。从儿童来校的第一天起，教师就应该善于发现并不断巩固和发展他身上所有的好东西。”教师要精心创设育人环境，慷慨地把重新跃起的机遇献给孩子，帮助他们建立自信。

增强学生的学习自信心尤为重要，如果人的自信心一点一点地流失，他怎么会有动力学好呢？人一旦有了自信，就有了自我，就能体会自身存在的价值。

教师应该努力想办法让自信心不足的学生体会到：只要努力了，就有回报；努力一点，就会进步一点。

以上三个案例告诉我们一个道理：数学教育应遵循人的成长规律，切忌急于求成。要回归自然，回归常态，学会等待，寓教育于学习和生活的点点滴滴之中，用我们的教育智慧点亮孩子迷惘的双眼。

1.4 三标准

简单教数学，应摒弃教学中华而不实、流于表面、非本质的东西，直接深入数学内容的核心；摒弃教学中重复无用、低级作秀的环节，运用简单有效的教学方法帮助学生“快”而“乐”地理解新知识。下面从教学目标、教学环节、教学媒体三个方面谈谈如何实现数学教学的高效。

◆ 教学目标“准”而实际

“教什么”与“怎么教”哪个更重要？

“教什么”具体而言是指教学目标的制定。教学目标是课堂教学的灵魂，教学目标如果定偏了，直接影响“怎么教”，关系到课堂教学的质量。从这个意义上说，“教什么”比“怎么教”更重要。

案例 “三维目标”不是三个目标

新课程强调“知识与技能”、“过程与方法”、“情感、态度与价值观”三维目标，但三维目标并不等于三个目标。

有一次，我被厦门海沧进修校叫去当评委，给参赛选手的“说课”打分。说课比赛当然要有评分标准，“教学目标”一栏的标准是“体现三维目标”。几十份参评的教学设计都把“三维目标”分成三个目标写，有“知识与技能目标”、“过程与方法目标”、“情感、态度与价值观目标”。如果按标准评分，此项没有理由不给满分，因为目标的设定都很全面。但是在实际课堂中，这些目标都能实现吗？

相当一部分选手把“三维目标”当成了三个目标，有些甚至把“三维目标”落实在三个不同的环节中——在哪里实现知识目标，又怎样达成情感目标，在哪里渗透学法，出现最多的是“培养学生的创新精神”、“数学与生活紧密联系”等时髦话语。

“三维目标”是一个密不可分的有机整体，在知识与技能的学习过程设计时要考虑与关注其他目标的实现，学习兴趣、情感、数学思考与解决问题、方法渗透等离不开知识与技能的学习。培养学生的创新精神、数学与生活紧密联系是我们数学教师上每一节课都要关注的。那么，是不是每篇教案都要写上这两句话呢？再者，由于知识内容的不同，目标的侧重点也不一样，有些侧重于知识，有些侧重于技能，有些侧重于方法。

千万不要把“三维目标”理解成三个目标！

案例　是结果，还是过程与方法？

2005年我参加省级学科带头人培训，到厦门的一所小学听了一节人教版三年级下册“数学广角——集合思想”公开课。听完后，我就发现教师把目标定位在怎样计算集合图里的人数上了。人教版教材后面为什么要增加“数学广角”内容？它起着什么作用？翻阅了几册教材，发现其内容主要是渗透一些常见的数学概念与数学思想和方法，落实“重要的数学概念与数学思想宜逐步深入”的课程理念。本节课的目标重点是从统计表中的数学问题出发，探究一种更为形象、直观的图形——韦恩图的表示方法，在这一过程中感受集合的思想与方法，计算人数也是为了让学生感受这一思想与方法。

有了这样的认识，教学计划就会随之改变。首先，让学生借助统计图数人数，在数人数活动中发现人数容易重复，产生改变统计图的想法。其次，引导学生研究“怎样改变统计图的呈现方式，使之更加直观形象，数起来方便”。最后，把单独、重复的加起来，计算出集合中的总人数。

这样，学生就会经历从统计图到集合图的转变过程。

案例　是解决问题，还是计算教学？

新课程背景下的小学数学教材与旧版教材的一个明显不同之处，是计算与应用题教学融为一体，赋予了课堂教学双重任务，教师们既要引导学生学习解应用题的方法与步骤，又要引导他们理解与掌握计算的顺序、算理与算法，结果往往两者都无法到位，学生既没有吃透算理与算法，也没有掌握问题解决的方法与步骤。因此，有人感慨：在新课程理念下，学生的计算能力下降了，分析综合、逻辑推理的思维能力也下降了。

首先，必须理解新教材为什么把情境问题与计算教学结合在一起。其次，必须搞清楚教学内容应该侧重于解决问题还是计算。

例如“乘法的估算”，以往乘法的估算与现实情境脱离，估算的方法机械单一，把因数看成是整十、整百数估，但遇到实际问题时，这种估算方法可能就行不通了。请看下面两个实际问题：

（1）观看完《神奇的宇宙》，小美回家后写了一篇 450 字的观后感，小美每分钟打 23 个字，22 分钟能打完吗？

（2）陈老师为了让同学们多了解宇宙的知识，想到新华书店购买 14 本《探索宇宙的奥秘》，每本 48 元。陈老师大约要带多少钱合适呢？

第（1）题如果把两个因数看作整十数估算，结果就离准确数比较远，而把比整十数大的两个因数中比较接近整十数的“22”看作“20”来估算，才是最优的方案；第（2）题必须根据实际情况，选择“估多不估少”的策略。在整个教学过程中，学生始终要联系生活现实，选取最优的估算方法，才能更好地解决问题。

由此可见，新课程提倡在具体的问题情境下展开计算教学是很有道理的，它凸显了计算的价值。

又如，北师大版小学数学四年级下册小数乘法“文具店”一课，教材主题图中呈现了各种商品的价格，求买 4 块橡皮需要多少元。解决几个几是多少，在二年级学习乘法的意义时就学过了，对于学生来说，这没有多大问题。所不同的是整数乘法和小数乘法，那么，这节课的侧重点应该是小数乘法的计算。

再如，北师大版小学数学五年级下册“分数的混合运算”一课，例题是：车店第一天成交量是 65 辆，第二天成交量比第一天增加$\frac{1}{5}$。第二天成交多少辆？第一节课的教学重点应该放在解决问题上，分析第二天与第一天成交量之间的关系，列出 $65+65\times\frac{1}{5}$和 $65\times(1+\frac{1}{5})$ 两个算式并计算，体会分数乘法与整数乘法运算顺序一样，整数乘法运算定律在分数计算中同样适用。在第二节课中可以多安排一些纯计算的训练。

因此，教学目标要定得准、定得具体。用什么方法、采取几个步骤掌握新知，怎么激发学生的兴趣，切忌空洞、华而不实。

◆ 教学环节“少”而实效

许多教师上课求新求异，设计了很多花样，领着学生做这做那。教师指到哪里，学生就走到哪里，没时间去思考应该怎么走、哪个更重要。

对于年龄小的学生来说，一节课内容不宜太多，多了他们就分不清哪个重要、哪个不重要，就认为什么都重要了。

教学环节“少”了一些，就可以聚焦课堂教学的核心内容，节省课堂教学的时间，留出更多的时间给学生去思考。

教学环节少，就是减去重复的不必要的环节；教学环节少，就是让教学更加连贯一些；教学环节少，就是让教学的重点更加突出，难点有效突破。

案例　我的“三环节”

在日常教学中，我一般设计三个教学环节：一是导入，二是探究或讲解，三是练习。在三个教学环节的设计上，导入做到“快”而“趣”，探究做到“慢”而“透”，练习做到“精”而“活”。

在时间安排上，导入一般不超过 3 分钟，探究一般不超过 15 分钟，其他时间都用在练习和作业上。这样的时间安排有几个方面的考虑：一是比较符合儿童的心理特点。小学生在课堂 40 分钟的时间里，注意力随时间的变化而变化，前 20 分钟学生的注意力相对集中、思维相对活跃，后 20 分钟注意力容易转移，因此应尽量在前 20 分钟完成例题的教学。二是要把较多的时间用在新知学习上，因此应该尽快进入主题学习。三是探究的形式不宜过多，应该追求纵向深入，做到“透”，而不是横向走过场。四是 20 分钟的练习和作业时间能保证练习的量，前 10 分钟边练边讲，后 10 分钟独立作业，练习的题型和形式决定了练习的质量。

案例　学习内容的重组

教材是“死”的，但人是活的，教师要善于“增”与“减”。

北师大版四年级下册第一单元有两个内容：第一个内容是小数的认识，第二个内容是小数加减法。教材与教参各安排5个课时完成小数的认识和小数加减法两部分内容的教学。在实际教学中，我用了6个课时完成小数的认识内容，只用了1个课时就完成了小数加减法的教学任务。

认识小数的内容对于后续学习小数至关重要，而从整数到小数的学习有一道“坎”，必须把小数的意义理解“透”。如果把小数的意义理解“透”了，学生很容易就理解“相同数位上的数要对齐，也就是小数点对齐”的算理了。而小数加减法除了“小数点”之外，计算方法与整数加减法一样，学生也很容易接受，教师需要思考的是如何提高计算的准确率，而反哺整数加减法的不足之处，仅此而已。

案例　苹果问题会了，其他水果问题应该也会了

福建省教育学院聘我为小学数学学科带头人的实践导师，学员们来到我校跟班学习，我上了一堂人教版四年级下册“植树问题”的研讨课，想以此表达我对数学教学的观点。

课堂上，我把“公路一侧两端都种”的植树问题作为课堂讨论与研究的重点。就像和面一样，把两端都种的植树问题和“透”，而把“只种一端”和“两端都不种”的植树问题当作练习完成。整堂课都是以“植树”为背景，没有如路灯、锯木头、圆形水池边上摆盆花等情境问题。

课堂上，学生解决“只种一端”和“两端都不种”的问题时脱口而出，源于他们已经牢固地理解与掌握了“两端都种”的植树问题中段数与棵数间的关系。如果眉毛胡子一把抓，三种情况一起上，学生对每一种情况的把握可能都是“夹生饭”。

为什么不呈现其他情境问题呢？我经常给老师们打比方：苹果问题都会了，其他水果的问题应该也会了，要相信你的学生。把植树情境问题吃透了，其他如路灯、锯木头等问题也就不是问题了。只要学生领会到只是情境不同，思路、方法都一样就行了，何况还有第二节课！

课堂教学应该抓住数学的本质，不要为数学的非本质的东西所迷惑，

一堂课上呈现的内容不要过多，不然学生分不清这堂课上哪个重要、哪个不重要。

◆ 教学媒体“简”而实用

每个新生事物的产生，必将对传统模式加以变革，但也不可避免地造成一些消极的影响。比如家庭用车的大量增加，便利了人们的出行，提高了办事的效率，提升了人们的生活质量，但也给交通带来了很大的压力，给环境造成了污染，慢慢地造成了许多不便之处。

同样，现代化的教学媒体（一般指课件）进入课堂，转变了传统的教学方式，极大地提高了课堂教学的效率，因此，在课堂教学中得到普遍运用，教师们慢慢地依赖上了课件，学生也慢慢地离不开课件的演示了。

凡事都有优劣，只有分清楚了优劣，才能做到扬长避短，在享受信息技术给我们带来的便利的同时，要冷静地思考教学课件所起的积极作用和消极影响。

案例　看到了几个面?

媒体的应用是教师实现教学目标、提高教学效率的重要手段。有时，教具的演示、学具的操作、实物的观察、影像的播放，可以有效地促进学生对数学知识的深刻理解。但是，如果媒体使用不当，或不适时机，或过分依赖，就会降低数学问题探究的挑战性，甚至使学生失去自主探究的机会，不利于学生思维能力的培养。

例如二年级上册“观察物体”教学时，教师将一个大的长方体纸箱摆在教室中间，作为学生研究的对象，让学生站在不同的位置观察，探讨“最多能看到几个面”。有些同学看到了一个面，有些同学看到了两个面，还有些同学看到了三个面，而没有同学看到四个面，得出“最多只能看到三个面”。

一年级上册学过“位置与顺序”单元，一年级下册学过“观察物体”单元，学生获得了从不同的位置（或方向）去观察同一个物体，所看到的物体的形状不同的体验。这些都是二年级上册再学习“观察物体”的重要的认知基础。显然，二年级上册“观察物体”不能重复以往过于直观的教学，应该提高学生空间想象和空间推理能力发展的要求，而教学媒体（长方体纸箱）

的过早呈现限制了学生空间想象和空间推理能力的发展。

在教学中，首先应该超脱具体的实物（教学媒体），让学生根据已有的知识与经验尝试思考:“站在不同的位置看纸箱，最多能看到几个面？”讨论：为什么最多只能看到纸箱的三个面？引导学生思考：如果看到长方体纸箱的一个面，就不可能同时看到它的相对面，一个长方体共有六个面，如果在所站的位置看到了三个面，就不可能看到与它们相对的另外三个面。所以，站在同一位置最多只能看到三个面。允许有困难的学生离开座位借助长方体纸箱进行“实地考察”，这样，媒体就发挥了它应有的作用。

因此，教师应该考虑“是否需要媒体”、“何时使用媒体”，这样才能使媒体服务于教学目标的达成、学习兴趣的激发、数学思维的发展、教学效率的提高。

案例　可爱的企鹅

王老师上了一节一年级的数学公开课，课题是“加与减”。为了吸引学生的眼球，增强课堂教学的趣味性，课前教师精心制作了课件，希望借助课件的演示达到好的教学效果。

可是，就是这个课件的演示，不仅没有收到成效，反而帮了倒忙。

屏幕上大摇大摆地走来 3 只企鹅，滑稽可爱的样子一下把孩子们逗乐了。

“你看到了什么？”教师笑着问。

“企鹅。”同学们异口同声地说。

接着远处又走来了 6 只企鹅，它们走路的姿态引发了一阵笑声。

“还看到了什么？”

“又有几只企鹅来了。”

“你能提出什么问题？”

由于几只企鹅还在不停地摆弄着各种姿势，课堂更加热闹，有几个孩子笑得合不拢嘴，有几个孩子模仿企鹅的动作扭动着身子。终于，有个孩子站了起来。

“一共有 9 只企鹅。”

看着闹哄哄的课堂，教师感到很无奈，赶紧把电脑给关了。

面对低年级的孩子，你能怪他们不听指挥吗？我在后面听课，也被企鹅笨拙滑稽的样子吸引。教师播放的俨然是一部优秀的动画片，引发了学生丰富的想象，学生的注意力无法转移到加与减的运算中来。他们对于接下来的教学活动失去了兴趣，教学效果可想而知。

案例　看，不如真做

经常参加教研活动，发现“体积与容积”内容经常作为公开课展示与观摩，许多老师都借用《乌鸦喝水》的动画故事导入，增强课堂内容的吸引力，以此突破“所占空间的大小”的概念理解。

我校陈老师却放弃了这一有趣的动画故事导入，在讲台上放了两个装满水的同样大的杯子，往其中一个杯子里放入一颗小土豆，分析水溢出去的原因，往另一个杯子里放入一个较大的地瓜，分析溢出的水为什么更多，让学生理解物体占了空间，把水挤出去了，占的空间大，挤出去的水就多，物体所占空间的大小叫物体的体积。动画演示赏心悦目，而实际操作、亲身体验更加真实可靠。

又如教学“长方形的面积”时，通过摆 1 平方厘米的小方块，引导学生发现一行摆几个长就是几，摆几行宽就是几，推导出长方形面积的计算方法。摆的过程是用课件演示呢，还是用实物摆？用课件演示，可以节省时间，也能让学生形象直观地理解面积计算的方法，但我还是选择了用实物摆。

用小方块测量第一个长方形，可以知道面积，还可以量出长和宽；测量第二个长方形，可以发现两个长方形的面积等于长乘以宽；测量第三个大的长方形时，如果全摆，很困难，小方块个数不够，学生发现只要沿着长摆一行，沿着宽摆一列，然后用一行的个数乘以行数，也就是长乘以宽即可；测量第四个更大一些的长方形时，学生自然不去摆了，而是量出长和宽，直接用长乘以宽求面积。

用实物摆，学生可以亲身感受到长方形越大，用小方块量面积就越不方便，体会到计算的价值，这是用课件演示所不可及的。

教学课件的功能大概有两个：一是学习材料的呈现方式现代化。以前教师最常用的是小黑板和粉笔，现在有大屏幕，学习材料呈现得快，信息量大，提高了课堂的效率。二是形象直观地演示。通过录像、动画、动态的过程演示，把抽象变为形象，便于学生理解与掌握。

然而，教学课件使用不恰当，或者过度依赖课件，也会影响课堂教学的质量。首先，过于强调形象直观的动画演示，可能会影响抽象化、符号化的数学化进程。比如，许多教师为了吸引学生的注意力和激发学生的课堂学习兴趣，在课件中设计了许多可爱的小动物，结果适得其反，孩子们喜欢上了可爱的小动物，而不去关注数学的本质。其次，过多地依赖课件，容易被课件捆绑，使得每一个环节都得按课件设计好的进行。然而，课堂上的变化、意外与生成可能都需要教师灵活地处理。再者，过多地使用课件，也会影响学生的身心健康，你会发现，高年级的近视率远比低年级高，这与教学课件的过度使用不无关系。

课堂教学不能被课件捆绑，学生的动手操作不能被课件演示取代，教师的示范、板书还得货真价实。教学课件应该用在关键处，在材料呈现时用课件，可以节约时间；学生操作后用课件作总结性的演示，可以使学生的思维更加清晰。仅此而已。

1.5　三环节

教学环节是多好，还是少好？

我认为教学环节不宜多，因为环节多了容易散，而不容易“透”。那么课堂教学到底需要几个环节？归纳起来大体需要三个环节：导入、探究、练习。

◆ 导入“快”而“趣”

要上一堂好课，导入非常重要。有效的导入能吸引学生的注意力，激发学生的兴趣，提高教学的效度。教师们创造了许多教学导入的方法，如开门见山、动手实践、激趣引探、温故知新等，值得大家借鉴。

我认为导入主要要做到两个字：“快”和“趣”。

一、导入要“快”。

每一节课都有一个数学知识的核心内容，要把教学的重心放在探究、理解、掌握知识的核心内容上，自然要把大部分时间放在这里。因此，不能在导入环节上徘徊不前，花太多的时间。

二、导入要“趣”。

皮亚杰说：“兴趣是能量的调节者，它的加入便发动了储存在内心的力量，因而它看起来容易做而且能减少疲劳。”教师们在导入环节中非常重视学习兴趣的激发，如讲故事导入、做游戏导入、猜谜语导入等，极大地调动了学生参与课堂学习的兴趣。导入的方式视学习内容而定，切忌表面的、显而易见的刺激，而应注重在材料的选择和问题的设计方面激起学生的兴趣和求知的欲望。

案例　圆柱侧面积的导入

一位教师在教学六年级“圆柱的表面积”一课时，是这样导入的：

师：今天，我们学习圆柱的表面积，圆柱的表面共有几个面？

生：有三个面。

师：哪三个面？

生：两个底面和一个侧面。

师：要求圆柱的表面积，怎么求？

生：算出两个底面面积再加上侧面面积。

师：两个底面是什么图形？

生：圆。

师：圆的面积怎么算？

生：圆的面积等于半径的平方乘以圆周率。

师：那圆柱的侧面积怎么求呢？

（生摇摇头）

师：圆柱的侧面是什么形状？

生：弯弯的。

师：以前学过吗？

生：没有。

师：因此，要求圆柱的表面积，必须求出圆柱的侧面积，这节课我们首先来研究圆柱侧面积的计算方法。

以上一问一答的导入看上去无可厚非，环环相扣，说明要求圆柱的表面积，应先求侧面积，但细细想来，实在不值。一是八个回合的问答式导入占用时间太多，二是六年级的学生不需要没有思维含量的支离破碎的问题。设想一下，导入就有八个问题，那么探究圆柱表面积这一重要环节又有多少问题呢？再加上练习，问题就更多了。

再看下面的导入：

师：（出示圆柱体）圆柱的表面含两个圆形底面和一个侧面，用两个圆形底面的面积加上侧面积就是整个圆柱的表面积。两个底面积会算吗？

生：会。

师：侧面是弯的，怎么求侧面积呢？（停顿一会儿）看来，要求圆柱的表面积，关键要找出求侧面积的方法。圆柱的侧面积怎么求呢？大家想想办法。

几句话言简意赅，简单明了，重点突出，可以留下更多的时间研究侧面积的计算方法。

案例　探究欲望，在矛盾冲突中产生

在福建省龙岩师范附小任教期间，第 13 届省运会在当地举办，成为当地热门的话题。我得到一张门票，在现场观看了盛大的开幕式，为开幕式的场景所感染。我想，一定要让没有在现场观看的学生感受感受。

恰好要上四年级“商不变的规律”一课，能不能利用开幕式的场景做学习材料，既实现让学生感受开幕式盛况的愿望，又激发学生探究的欲望呢？这不是一举两得吗？

开幕式入场时每个方阵的总人数不一样，排数也不一样，但每排人数是不变的，这不就是一个非常好的材料吗？于是，我创设了入场式的情境，改变了教材中表格的数量，成功地制造了学生认知的冲突，激发了学生的求知欲望。

师：同学们，你知道第 13 届省运会在哪里召开吗？第 13 届省运会举行了盛大的开幕式。

（教师一边解说，一边出示下表）

总人数	12	48	72	120	252	…
排数	2	8	12	20	42	…
每排人数						

师：哪个方阵每排人数多？哪个方阵每排人数少？

生：后面方阵每排人数多。

生：各个方阵每排人数一样多。

师：请大家算一算，看看结果是怎样的。

生：咦，每排的人数都是6个。

师：为什么总人数越来越多，每排人数却一样呢？

生：虽然总人数越来越多，但排成的排数也越来越多，所以每排人数一样。

师：刚才大家都是用总人数 ÷ 排数计算的，总人数就是被除数，排数就是除数，每排人数就是求出的商。（将总人数、排数、每排人数改为被除数、除数和商）

师：是不是被除数和除数同时变大，商就不变呢？

生：被除数增加，除数增加，商不变。

师：好，被除数增加到252，除数增加到48，看看商是几。

生：商不是6了。

师：被除数和除数怎样变，商才不变？这里边有什么秘密呢？我们一起来研究“商不变的规律”。（板书课题）

案例　为什么要等量替换

让学生体会到数学学习的价值需求，学生才有学习的兴趣，而这种兴趣是比较持久的。教学人教版三年级下册“数学广角——等量替换”一课时，如何让学生感受等量替换的需求，激发学生探究的兴趣呢？

片段一：播放《曹冲称象》录像，提出问题：曹冲要称大象的重量，那他为什么去称石头的重量呢？

片段二：课件出示在水果店买水果的情境图：店里摆有天平、砝码、西瓜、苹果等。提出问题：怎样才能知道一个西瓜的重量和几个苹果的重量一样呢？

估计有些学生会提出把一个西瓜和苹果放在天平上，看看放几个苹果，天平才会平衡；也有的学生会想到利用砝码分别称出一个西瓜和一个苹果的重量，再看多少个苹果与一个西瓜一样重。教师要抓住这些信息，按学生的方法试一试。

通过课件演示，学生观察发现：因托盘太小，无法摆下与西瓜等重的苹果数量，只能先称出少量苹果的重量。然后引导学生借助砝码，先称出一个西瓜的重量是4千克，再称出4个苹果的重量是1千克。如下图所示：

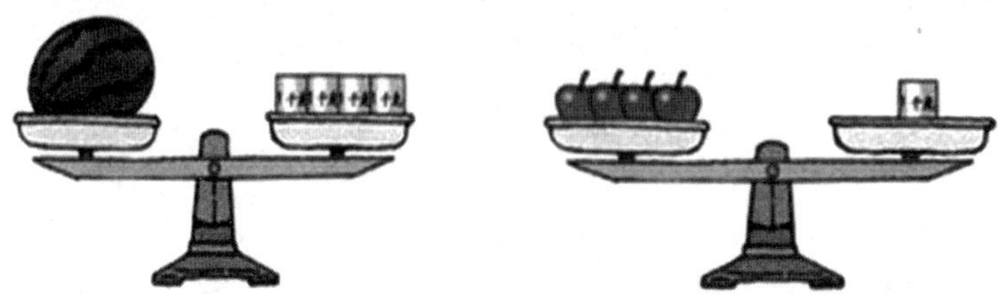

《曹冲称象》的故事是学生所熟悉的，既能吸引学生，又紧扣本课主题，的确是一个引题的好素材。本节课学生探究的替换问题比曹冲称象的问题更具挑战性，有一定的难度。因此，《曹冲称象》的故事为本节课的探究做了一定的铺垫。

在讨论“怎样才能知道一个西瓜的重量和几个苹果的重量一样”时，发现借用天平，无法得出一个西瓜的重量与几个苹果的重量一样，替换的需求就产生了。

有了学习的需求，就有了学习的动力。

综合以上三个案例，课堂教学的导入做到“快”，就是给探究核心内容留出更宝贵的时间，使新知的学习更“透”一些；导入做到“趣”，就是让学生对新知产生好奇心和价值需求，增强学习的“内驱力”，从而提高学习的效率。

◆ 探究“慢”而“透”

新知的探究是课堂教学最为重要的环节，教师一般会将最为宝贵的时间和更多的时间放在新知学习上。如果学生在练习和作业时出现困难，根源可能就在于对新知的理解没有“透”，吃的是“夹生饭”，只掌握了一些表面的知识，容易“掉进陷阱”。

案例　对“倍数”的真理解

下课后，常考 100 分的静霖同学走上讲台，问了我一个很“幼稚”的问题：“戴老师，什么是倍数？给我讲讲。”倍数这一概念是二年级学的，怎么连成绩最好的学生都不太懂？

我当即在黑板上画了几组图帮助她理解：

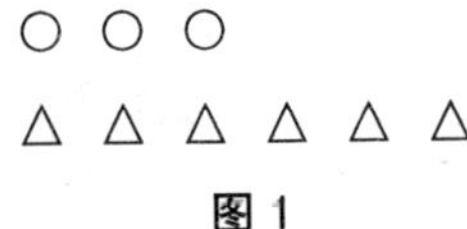

图 1

师：三角形的个数是圆的几倍？为什么？

生：三角形有 6 个，圆有 3 个，6 除以 3 等于 2，所以三角形的个数是圆的 2 倍。

（用计算求一个数是另一个数的几倍，不能确定学生是否真理解）

师：圆有 3 个，三角形有 2 个 3，所以三角形的个数是圆的 2 倍。

（我把 3 个圆圈起来，把三角形 3 个 3 个地圈起来）

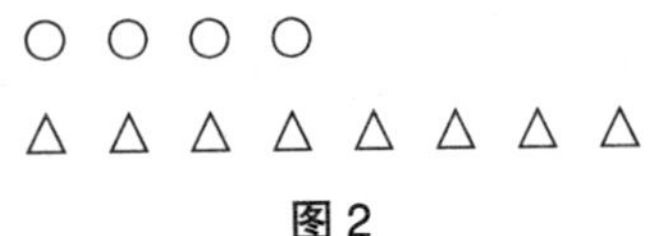

图 2

师：三角形的个数还是圆的 2 倍吗？为什么？

生：把 4 个圆当作 1 份，8 个三角形有 2 个 4，就有这样的 2 份，因此，三角形的个数是圆的 2 倍。

师：对了！一个量是 1 份，另一个量有同样个数的 2 份，我们都可以说，2 份的量是 1 份的 2 倍。

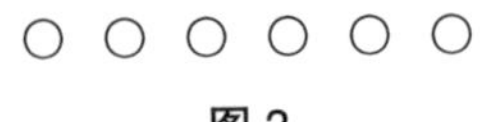

图 3

师：请你画出表示圆和三角形的 3 倍关系图。

（静霖在圆的下面画了 18 个三角形）

师：画对了！三角形的个数是圆的 3 倍。还可以怎么画？

（我在圆的下面画了2个三角形）

师：这样画可以吗？

生：这样画，圆更多。

师：谁是谁的3倍。

生：圆的个数是三角形的3倍。

○ ○ ○

△ △ △ △ △ △ △ △ △ △ △ △

图4

师：在这个图中，三角形的个数是圆的3倍吗？

生：（不假思索地）对。（后发现“上当”了）不对，不对，应该是4倍。

师：我们应该看个数，不能被表面现象迷惑。

△ ○ △ △ △ ○ △ △ ○ △ △ △ △ △ ○ △

图5

师：哪个图形的个数是哪个图形的个数的几倍？为什么？

生：三角形的个数是圆的3倍，圆形有4个，三角形有12个，是3个4。

师：看来你已经理解了，把一个小的量看作1份，计算大的量有几个这样的1份，就是它的几倍。

在以上5个图示分析的过程中，我采取的是“先立后破”的教学方式，对“倍数”概念的内涵和外延进行了详细的“深加工”，运用变易理论，利用不同的变易图式分析什么变了、什么没有变，逐步排除非本质属性对学生的干扰，从而抓住概念的关键特征或本质属性。

案例 何谓体积

体积的概念比较抽象，教师应该怎样帮助学生理解这个概念呢？

一、哪个杯子溢出的水多？

师：老师现在要将这块小石头放入杯中，请同学们认真观察，你发现了什么？

生：水溢出来了。

师：水为什么会溢出来呢？

生：因为石头在杯子里，占了水的位置。

生：石头占了一定的空间，把水挤出来了。

师：老师将这个红薯放入第二个装满水的杯中，你又发现了什么？

生：水也溢出来了。

生：溢出的水更多了。

师：为什么溢出来的水更多了呢？

生：因为红薯占的空间比石头大。

师：物体所占空间的大小叫作它的体积。

（教师边说边板书）

二、猜一猜：谁的体积大？

师：（拿出一个箱子，里面装着两个长方体，各露出大小不同的面）你们猜猜，哪个长方体大？为什么？

生：露出的面大的体积大。

生：不一定。

生：根据一个面的大小不能判定哪个体积大。

师：拿出来看看。

生：一样大！

师：判断两个物体的体积大小，应该看它所占空间的大小。

三、捏一捏：谁的体积大？

师：请同学们先用橡皮泥捏一个自己喜欢的形状，再用这块橡皮泥捏一个球，想想前后捏的哪个物体体积大，为什么。

生：体积一样，因为橡皮泥是一样的，虽然形状不一样，但体积是一样的。

师：对！形状变了，但橡皮泥没有变，体积也没有变。

四、比一比：哪个体积大？

（出示三组硬币图）

1元硬币

1角硬币

1元硬币

生：三个用硬币叠成的图形都用了十个硬币，但第二个图形体积最小，因为它每一个硬币都小。第一个和第三个图形体积一样，虽然它们形状不一样，但都是用十个 1 元硬币堆成的。

师：在比较体积大小时，不能被表面的现象迷惑，而应该紧紧抓住本质——“物体所占空间的大小”。

通过以上四个教学环节，实现了体积概念的真理解。第一个环节把大小明显不同的两个物体放进装满水的杯子里，讨论“溢出的水谁多谁少”，初步建立了体积的概念。第二个环节通过“猜一猜”的活动，让学生明白比较体积大小，不能看面，而应看体。第三、四两个环节通过“捏一捏”、“比一比”的实践活动，让学生在“变与不变”的分析中，学会根据体积概念的本质作出判断。

概念教学不是“告诉”，而是实践认知；不是靠“记”和“背”，而是靠真理解。

案例 “画”出来的圆

陈老师是这样指导学生认识圆的：

一、初步感知：圆是到定点的距离等于定长的点的轨迹。

小明家距离学校 500 米，若用 1 厘米代表 100 米，小明家可能在哪儿？在纸上找一找，画一画。

经过讨论，大家一致认为：以学校的位置为中心，向任何一个方向延伸 5 厘米的地方，都有可能是小明的家。然后用课件演示：用直尺的 0 刻度对准学校，5 厘米处就是小明的家，转动直尺，小明的家形成了一个圈，圈上的任何一个位置都有可能是小明的家。

二、画圆认知：半径决定圆的大小。

第一次画：讨论用什么工具画圆、怎样画圆，并尝试画一个圆。

第二次画：在同一个地方画一个大圆和一个小圆，让别人一眼就看出哪个大哪个小。有些同学画出了不同圆心的两个圆，也有些同学画出了同圆心的大小不一的圆。

讨论：怎样画出大一点的圆和小一点的圆？得出圆规两脚间的距离拉开就可以画出一个稍大的圆，缩小就可以画出一个较小一些的圆；圆心在哪儿，圆就在哪儿。

第三次画：A、B、C 三点位置如下图所示，请同学们想办法画出以其中一个点为圆心，另外两个点在圆上的圆。

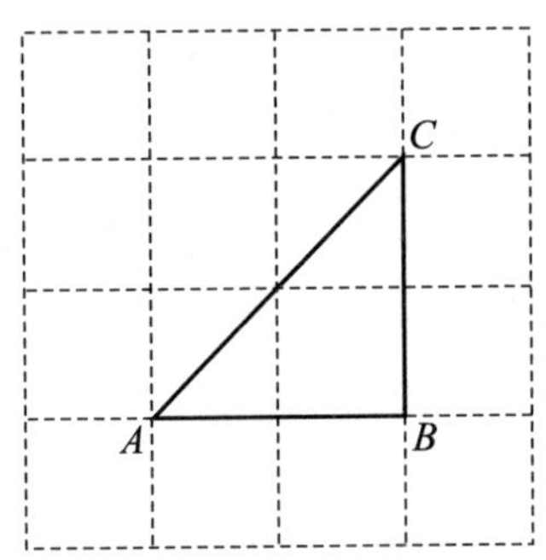

学生很快得出：必须以 B 点为圆心，因为 B 点到 A、C 两点的距离相等。

第四次画：把 C 点去掉，画 A、B 两点都在圆上的圆，想一想可以怎么画。有些同学选择 A、B 中点为圆心，有些选择中点上下方的格点为圆心。讨论得出：经过中点并与它垂直的直线上任意一点做圆心都是可以的。

第五次画：如果还是 A、B、C 三个点，能画出这三个点都在圆上的圆吗？圆心在哪儿？

猜一猜：还有哪个格点在圆上？为什么？进一步明确圆周上的点到定点的距离都相等。

这时，陈老师才给出“半径”的定义。学生很快就得出：半径有无数条，每条半径都相等；圆规两脚间的距离就是半径；半径越长，圆越大，半径决定圆的大小。

教师在学生初步认识圆后，没有急着给出半径、直径等概念，而是通过五次找圆心画圆，让“圆心决定圆的位置”、“半径决定圆的大小”、“圆心到圆上各点的距离都相等”等圆的特征的认知深入人心。

一种方法、一种规律、一个概念可以用一句话概括，如“把单位‘1’平均分成若干份，其中的一份或几份的数叫作分数”、“把分数的分子和分母同时乘以或除以相同的数（0 除外），分数的大小不变”、“已知两个加数的和与其中一个加数，求另一个加数的运算叫减法”等，看似简单，理解起来可不太容易。许多学生把它背得滚瓜烂熟，但实际运用时问题却不少，而教师并不知道学生真正理解了没有，这是一个非常普遍的问题。

因此，掌握一种方法，探究一个规律，理解一个概念，需要让学生经历比较充分的过程，这一过程是数学概念、方法形成的过程，是数学探究发现问题、提出问题、解决问题的过程，这一过程既是教师教的过程，更是学生经历学的过程，需要学生动手操作、讨论交流、师生互动。没有“过程”的学习，就没有感受和体验，就谈不上真正的理解与掌握。

◆ 练习“精”而“活”

课堂练习（作业）是课堂教学的一个重要环节，许多教师在课前准备时比较重视例题的教学，而较少去考虑课堂练习（作业）的设计。把教材和练习本上的习题搬下来给学生练习，针对性不强。因此，教师应该精心设计课堂练习（作业）。

一是课堂练习（作业）要求“精”。课堂40分钟里，留给练习的时间有限，不可能进行大量的练习，如何在有限的时间里练习得有效？练习如何关注不同学生的发展？

在教学中，我一般会设计三道练习（作业）题，第一题是与例题相仿的练习，叫“保底性”练习，争取每一个学生都能解。第二题是变式题，叫“发展性”练习，一题多练，一题多解，一题多变，在“变”中发展学生的数学思维。第三题是“挑战性”练习，主要对象是学优生，让学优生吃得饱。

二是课堂练习（作业）要求“活”。练习既是对新知的巩固，又是知识的拓展与延伸，在练习中发展学生的思维，培养学生解决问题的能力，因此，在练习设计时要求“活”。

案例　又是“无法确定”

2008年小学毕业班总复习有这样一道选择题：有两条绳子，第一条截去了它的$\frac{1}{4}$，第二条截去了它的$\frac{3}{4}$，剩下的哪一条长，哪一条短？许多学生只关注到分数绝对值的大小，而没有注意两条绳子的长短是否一样，因而判断错误。经过讨论，大家明确了这道题的选项是“无法确定”。

巧的是，毕业考测卷上也有一道类似的题：有两根2米长的绳子，第一根截去了它的$\frac{1}{4}$，第二根截去了它的$\frac{3}{4}$，剩下的哪一根长，哪一根短？

学生考完后走出考场，围住我谈论考题：“戴老师，今天的题目有一道题与复习的题目一样，幸亏您给我们讲过，要不今天这道题又会选错。”

我问：“你们认为哪一根绳子长？”

大家异口同声地说：“无法确定。”

哎呀！如果复习时没有做过这道题，可能考试的正确率会高一些；如果复习时能变一变，一题能多练，学生就不会形成思维定势。我在反思练习中存在的问题。

案例　组块练习

设计练习时，我比较喜欢组块练习，每一组的练习既有联系又有变化，以培养学生思维的灵活性，如设计“圆锥的体积”一课练习时，就从等底等高的圆柱与圆锥体积间的关系入手做文章：

第一组：

1. 一个圆柱与一个圆锥等底等高，圆柱的体积是圆锥体积的（　　）。

2. 一个圆柱把它削成一个最大的圆锥，削去的体积是圆柱体积的（　　）。

3. 一个圆柱和与它等底等高圆锥的体积相差 40 立方厘米，圆锥的体积是（　　）立方厘米。

这一组题以“圆锥的体积是与它等底等高的圆柱体积的$\frac{1}{3}$”为基础，可知“一个圆柱与一个圆锥等底等高，圆柱体积是圆锥体积的 3 倍”。那么，把一个圆柱削成最大的圆锥，最大的圆锥与圆柱等底等高，圆锥体积是圆柱体积的$\frac{1}{3}$，削去的部分是圆柱体积的$\frac{2}{3}$。进而又可知，削去的部分是圆锥体积的 2 倍，因此，一个圆柱和与它等底等高的圆锥体积相差 40 立方厘米，圆锥的体积是 20 立方厘米。

第二组：

1. 一个圆柱形橡皮泥，把它捏成一个圆锥，体积会发生什么变化？

2. 一个圆柱形橡皮泥，把它捏成底面大小一样的圆锥。它的高会发生什么变化？

3. 如果把它捏成高一样的圆锥，底面积又会发生什么变化？

第二组第 1 题中圆柱与圆锥形状变了，体积没有变化。体积没有变化，底面积也没有变，圆锥的高应该是圆柱的高的 3 倍。体积不变，高不变，圆锥的底面积应该是圆柱的底面积的 3 倍。如果学生理解起来有困难，可以借助橡皮泥操作帮助学生理解与掌握。

在指导学生练习的过程中，可以从合情推理到逻辑推理，合情推理（从形象思维到抽象思维）培养学生的空间观念，逻辑推理（从抽象思维到抽象思维）培养学生的理性精神。

案例　特殊作业

今天，我给学生布置了一份特殊的作业：与爸爸妈妈一起散步，散步路线另选一条：从街心花园往东到东风桥，往西至区公安局，往北至凤凰市场，往南到林保厂。估计：1 分钟走多少步？要走多少分钟？每一步大概多长？一共走了多少步？并做好记录。

“老师，这哪儿是作业呀！”同学们从来没做过这样的作业。

“对，这就是今天的作业，明天数学课上检查。”我很认真地说。

我无法保证全班学生都能完成作业，估计有部分同学根本不会去“做”，因为这种作业不用交（指的是交作业本），容易混过去。

第二天上课时，我宣布这节课学习的内容——千米的认识，并板书课题。

“嘻嘻！难怪昨天的作业是散步。”

“对！昨天我大约走了 1 千米。”

同学们在交头接耳，向我做鬼脸。我以小组为单位，让同学们交流昨天散步的情况。在这之前，我对四条路线都已“踩过点”了。

“1 千米有多长？谁来说说？”

同学们争先恐后地站起来发言，我非常满意。以前在上“千米的认识”时，总是我说得多，学生说得少。

一道作业题把没做作业的凯“暴露”出来。这道题是选择合适的单位填空：火车每小时跑 96_______。凯说是“米”，引起了一阵笑声。

“凯同学，昨天的作业你做了没？”

“没有，爸爸说，这哪儿是作业呀！所以没和我去散步。”凯不好意思地说。

“纸上得来终觉浅，绝知此事要躬行。”我在黑板上写下了这两句诗。

“不一定做在本子上的才是作业，‘散步’也可以解决许多数学问题。

今天晚上请爸爸帮助你把昨天的作业补回来，好吗？”

“好！”

……

长期以来，我们的作业大都是书面的（也就是做题），用于巩固课堂上所学的知识，而实践性、体验性的非书面作业很少出现。因此，学生和家长认为:“这哪儿是作业呀！”而低年级学生的学习往往需要与物（生活背景）联系在一起。“千米”这一概念对于学生来说是比较抽象的，以前上这一课时，总是我说得多，学生说得少。原因就在于学生缺少对“千米”的体验，无话可说，是教师“强制”达成的。因此，在选择合适的单位时，学生会出现“火车每小时跑 96 米”的错误。这样的学习，学生是不会真正理解的。作业中散步的起点（街心花园）是学生熟悉的，通过计算多少步，走多长时间的体验活动，学生有话可说，使“千米”的概念得到了有效的内化。

教学不要局限在课堂上，不仅可以向课后延伸，也可以向课前展开。向课前伸展，是培养学生自学能力的有效途径。课前可以布置实践性作业，也可以布置自学作业，还可以布置课前准备作业，如收集资料、制作学具等。

通过以上三个案例，可以明白这样一个道理：作业不在于多，而在于精；不能让学生重复、机械地操练，而要使学生在练习中懂得如何思维；要改变一味书面的形式，设计一些实践性、研究性的作业形式。

总之，练习与作业的设计要在“量”上做减法与加法，减少课外的、重复的、机械的、书面的作业，增加阅读的、实践的作业以及课内作业。在质上做乘法，内容上突出针对性、层次性，做到“精”而“活”；形式上突出多样性、变通性，一题多练，一题多变。

1.6 三落实

在课前准备或在课堂教学的过程中，我们考虑得比较多的往往是如何把知识教给学生，很少在教学设计中体现如何关注不同的学生；考虑得比较多的往往是如何在一堂课上教给学生更多的知识，很少思考通过“我”的教学，学生是否真正掌握了新授知识；考虑得比较多的往往是如何提高学生的成绩，很少考虑如何减轻学生过重的负担，做到既轻负又高效。

那么，是否可以从以下三个方面试着改变自己原有的做法，提高课堂教学的实效性呢？

◆ 落实课内作业

听了许多公开课、研究课、展示课、名师课，给了我很大的启发，但我觉得这些示范课上有些做法在误导初入职的教师——课堂上都没有独立作业的时间。我认为，一堂课如果没有10分钟以上的独立作业时间，无论你的课有多精彩，这堂课的教学质量都是令人怀疑的。

案例　优秀的课外作业，糟糕的数学成绩

又回到五年级任一个班的数学教学工作，班上一个叫赵渊的同学，性格内向，乖巧温顺，一天到晚都听不到他说一句话，更不用说上课时他能主动发言了。我了解他学习情况的唯一依据是作业，他每天交来的家庭作业几乎都得“优”，让我很是放心，对他放松了“警惕”。

可单元检测的情况却让我大吃一惊，赵渊几乎不会做，我不相信这一结果，或许是检测时他身体不舒服，或许是……我努力给他找理由。

于是，我把他请到办公室，允许他把没有做的补完，没想到他还真不会做，一题一题地提醒他，才知道他的数学学习存在很大的困难和问题。

我很好奇他的家庭作业是怎么做出来的！

傍晚，我带着这一问题来到赵渊家，赵渊的妈妈接待了我。赵渊的妈妈是一个家庭主妇，爸爸是一个台商，忙着做生意，整天不着家，赵渊的作业是在托管中心完成的。赵渊的妈妈把我领到托管中心，老师正在教他做数学作业呢。

原来，托管中心的任务是帮助赵渊完成作业，中心的老师一题一题地教他，作业基本上没经过他的大脑，答案都是老师给的，写上就算完成了作业，难怪他的家庭作业基本都达到了“优”，而当堂检测却是“不合格”。

一个单元的内容要补一遍并不是一件容易的事，赵渊的学习问题源于我的麻痹大意，他每一节课的学习情况反馈都不是真实的。

学生课外作业完成的情况不同，有些是独立完成的，有些是在家长或者托管老师的帮助下完成的；有些做作业的时间短，有些做作业的时间

长。教师通过课外作业往往无法确定学生是否真正理解与掌握了当天的新授知识。

那么，怎样才能及时了解学生学习的真实情况呢?

有效的方法是把作业安排在课内完成，课内作业是在规定时间、规定题量、同样的环境下完成的，每个学生的作业质量是真实可靠的。

我开始每天留一定的时间给学生独立作业，无论学生完成与否，下课就交，当堂批改。课堂作业给教师提供了掌握学生学习情况的时间和空间。这样，学生在规定的时间里做一定量的作业，教师就可以在这一时间里对学困生做个别辅导，批改学优生提前做完的作业，从而全面掌握每一个学生当堂课的知识掌握情况。

案例　我关注所有的学生了吗

前段时间参加了厦门举办的名师课堂教学观摩活动，主办方邀请了几位重量级的名师现场会课，名师的课堂给我留下了深刻的印象。几位名师各具风采，但有两个共同点：一是学生的学习积极性被充分调动，大部分学生跃跃欲试，学习热情高涨；二是课堂上师生互动满满当当，精彩不断，没有独立作业的时间。

一位教研员的一句话让我很震惊：前几天请了一个优秀教师上了一节示范课，原任教师课后又重新上了一遍，学生才过关。台湾的一位著名小学数学老师应邀参加浙江杭州举办的一次大型教研活动，听了一位名教师的课后，她怀着好奇心“跟踪”到上课学生的教室请求原任教师让她再上一次相同的课，她发现大部分学生在教研课上并没有真正理解与掌握，用了70分钟的时间才把学生“拉”了回来。

看来，对于什么是好课，我们要有清醒的认识。

在许多公开课上，我不能确定那些没有举手、一言不发的学生是否理解、掌握了新的知识，相信执教者也无法确定。

这也是让我感到困惑的问题。

在师生的双边活动中，我必须面对几十个学生，师生互动是很难准确把握每一个学生的学习情况的。对于那些没有举手发言的学生，怎样了解其到底理解了没有，还存在什么困难？有时，明知某个学生有困难，也没有时间为他而耽误大部分学生的学习。

因此，我经常困惑：教学设计得那么巧妙，师生讨论得那么清楚，为什么还有不少学生作业的正确率低呢？

学习困难的学生反应慢，思维跟不上课堂教学的节奏，还没想明白，别的同学就已经抢在他的前面举手发言了，他只能充当课堂上的听众，无法与老师、学优生碰撞。

那么，在什么时间去关注不同的学生，特别是学习困难的学生呢？除了内容的选择与调整、练习与作业的设计关注到不同的学生外，正是在课堂独立作业的时间里，我才有较充分的时间与空间帮助不同的学生。

我的课堂作业大概有三题：第一题是基础题，第二题是变式题，第三题是提高题。基础题要求全班学生都能做好；变式题由基础题通过变化而来，意在培养学生思维的灵活性；提高题针对学有余力的学生而设计。

在独立作业的前一段时间里，我的任务是观察、指导那几个学习困难的学生；后一段时间里就是批改先做完的学生的作业了。

有了独立作业的时间，教师就有空间与时间去关注不同的学生了。

案例　一次作业，一次检测

自从有了课堂作业，学生的学习就发生了明显的变化。

李武是个“懒人”，以前的家庭作业都是家长陪着做，自从有了课堂作业后，他就变得勤快多了。

每个同学都知道，每一堂数学课上都有10分钟左右的时间要完成一定量的作业，而且作业必须过关。李武也一样，躲不过这一关。

起初，他无法在规定的时间内完成课堂作业。因此，在做作业的时候，我会在第一时间走到他旁边催促他，并及时地指导他，努力帮助他完成。只要他能达到及格就算过关。

帮助他完成作业不是主要目的，更为重要的是要让他明白这样一个道理：为了完成课堂作业，并且能过关，上课就得认真思考，当堂掌握新学的知识。

明白了这个道理后，李武开始认真地听课，有时还会举手发言，自然课堂作业就做得既好又快了，他的自信心也慢慢地建立起来了。这样，李武的学习就走进了一个良性循环的轨道。

课堂作业就像一份小试卷，是对本堂课学生新知掌握情况的一次小考测，要在规定的时间里完成规定量的作业，因此，学生的作业做得特别认真。

有些学生能在规定的时间内完成，有些学生无法完成；有些学生完成得比较好，有些学生的错误率较高。这些反馈信息比课外作业更加准确和及时。

这样，课堂上想偷懒的同学就没有偷懒的机会了，因为这份作业必须在课堂内完成，而且要当堂过关。

课堂作业减轻了课外学习负担，提高了学生的“效率意识”。当堂作业可以促进学生提高听课质量，学生们会想：“为了得到更好的作业成绩，上课就要认真听讲。”课堂效率既是教师教的效率，也是学生学的效率，教师教的效率需要学生学的效率的配合，这样课堂的效率才能真正实现。

对以上三个案例的剖析，意在说明课内作业的现实意义。你是否也想在课内作业上做点文章呢？

◆ 落实课内批改

完成一节课的教学任务，要经历课前准备（备课，准备教具、学具、课件）、课堂教学、课后作业批改三个阶段。也就是说，至少需要四节课的时间才能完成一节课的教学任务。

课前准备、课堂教学、课后作业批改三个阶段，哪个阶段花的时间最多？我们要认真地问问自己。

我通过调查发现：教师们花在课后作业批改上的时间最多，这也是最无趣的一项工作，因为批改的作业是相同的，等于重复劳动。班级学生有多少个，教师一次就要批改多少份作业。如果教两个班，就有双倍的作业要批改。

批改作业的目的至少有两个：一是了解学生知识掌握的情况，二是向学生反馈知识掌握的情况。

那么，我们再问问自己：作业改完后，再回到学生手中，起了多大的作用呢？

以下三个案例，也许可以帮助你找到答案。

案例　课后改与即时改

以往我任教的班级作业都布置在课后完成，几乎所有教师都是这么做的，压根就没想到在课堂上完成，总是想在课堂上教给学生更多的知识，课后进一步巩固。一般情况下，学生的家庭作业第二天交来，科代表把作业收齐后送到我的办公室里，我在办公室里把作业改完后再发给学生。我发现，学生对经过老师批改、相隔一天的作业的重视度已经降低了，他们的注意力已经放在新的作业上了。

当上学校的中层干部，后来又任校级领导，事情多了，我往往会把学校的事情放在首位，从而影响了班级的数学教学，作业经常来不及改，不能及时发给学生。

怎么做既不影响学校工作，又不影响学科教学呢？

在课堂上解决掉学生的作业。让学生在课堂上完成作业，我也想办法在课堂上批改作业。

于是，40分钟的课堂上，学生有10到15分钟的作业时间，我也有时间批改学生的作业。有些学生较快地完成了作业，我就以较快的速度批改，做完一个批改一个。

但是，在大部分课堂上，我只能改完一部分学生的作业，还有一部分做得比较慢的学生的作业来不及批改，怎么办？做得比较快的学生的作业改完后，这部分学生没事做了，而作业还没改的学生却排成了长队等待我批改。

一个教师在课堂上要批改完几十份学生作业，可不是一件容易的事！如果能发挥学生的作用，问题不就解决了吗？

于是，我改进了批改作业的策略。我先改完第一个学生的作业，后面的学生作业就有两个人批改，当我和第一个做完作业的学生各自批改完后面两份作业时，就有四个人加入批改作业的行列……这样，只要全班学生都能按时完成，就完全有可能在下课前批改完全班学生的作业。

作为一位数学教师，就要用数学的办法提高效率。在教学工作中，只有教师有强烈的效率意识，才能影响学生的效率意识。

课内改比课外改好！

案例　快速地改

班级学生人数多，我又如何在短时间里改完学生的作业呢？

让学生在课堂上完成作业，不用担心学生的作业会作假，从而保证每一份作业都是真实的，我要关注的是学生的作业是对还是错。数学学科与语文学科不太一样，它的作业结论是唯一的。也就是说，数学题是有标准答案的。多年来，我练就了一双慧眼，能快速地批改学生的作业，几乎没有出现过错误，答案正确就可以打“√”；答案错误的不打“×”，而是打“？”，可能这道题有过程性错误，要求学生重新检查。

为了能改得快，我一般先把要布置的课堂作业亲自做一遍，看看自己要多长时间能完成，以此估计大部分学生能否在规定的时间里完成，并给他们留下时间更正作业；其次，做一遍更能把握作业的难易程度，并及时调整；其三，做一遍能让答案了然于胸，批改起来就快了。

老师改完一个学优生的作业，又增加了一个批改作业的人。学生也按老师的做法批改同组学生的作业，既简单又快捷。这样，当堂批改就成为可能，即使没有办法做到全批，没有改完的少部分作业留到课后改，也能够在最短的时间里发给学生。

当堂批改的作业当堂更正，当堂更正的作业当堂返改，学生更正后的作业给批改的学生检查，如果还不对，就需要他的帮助，直到理解为止。

每位学生都准备了一本错题本，及时地收集与整理平时难以解决的问题。我定期收阅学生的错题本，练习课和复习课的主要内容就是学生错题本里的问题。这样，就增强了练习与复习的针对性和实效性。

案例　学生批改作业

在班上，我有一批小帮手。

康泽、成浩是科代表，我去开会或出差时，他们专门负责批改全班同学的作业，并负责布置作业，其实，他们布置或不布置作业并不重要，全班同学都知道当天的作业是什么。晨冥每周二早上都会出一些口算题给同学们做，我发现，她出的口算题很有水准。我训练了十几个会帮别人改作业的学生，这些学生帮别人改作业时，在解题的每一个步骤都打上“√”或“？”，比我改得都细。

帮一个同学改作业相当于重新做了一遍作业，因为他要对同学的作业的每一个步骤都思考一遍，从而作出判断。别人有好的做法可以借鉴，自然也会分析别人的作业失误的原因。因此,批改作业的过程也是再学习的过程。

何不让学习困难的学生加盟批改作业呢?

我挑选了几个学习最为困难的学生参与批改作业，出乎我的意料，效果好极了!

偶尔布置家庭作业，第二天课余时间，付威与其他三四个学习困难的学生就集中在我的办公室。我先把他们的作业批改完，并对他们做错的题进行辅导，然后让他们批改作业。其他同学的作业一般比他们的做得好，对的题多，错的题少，批改起来比较轻松。有时，他们遇到困难就请教我，又给我提供了指导他们的机会。在批改过程中，优秀作业潜移默化地影响着他们，我的目的也就达到了。

批改作业是一个无形而又有效的教育方式。

教育的实效性不就是在教与学的每一个细节中渗透与实现的吗?

以上三个案例说明：课内批改作业大有可为，体现了课内批改的可操作性和实效性。如果想提高教学的质量，也可以在课内批改作业上做文章。

◆ 落实课内辅导

辅导是教师们在教学中必不可少的一项工作，也是非常艰辛的一项工作。有人说："宁愿教 100 个好学生，而不愿意教 1 个差生。"这句话有一定的道理，教师们在教学中花在 1 个学困生身上的时间可能比花在 100 个学优生身上的时间还多。

大多数教师辅导学困生的方法是课后补课。上完课后，学生完成老师的作业，老师在批改学生的作业时发现某个学生没有掌握当天学习的知识，然后单独把这个学生带到办公室，一对一地辅导，但是辅导起来很是困难，老师所付出的劳动收效甚微。

为什么呢？看了下面的案例，你可能就会明白其中的道理了。

案例　课后补与课前补

从教二十多年，每任教一个班的数学，都会遇到“麻烦制造者”。我想得最多的是如何改变他们，让他们从痛苦的学习中摆脱出来，走上快乐学习的道路。

快乐学的基本条件是能学会，但是学困生实在没办法学会。我尝试了许多办法，效果都不太明显。有时觉得这么认真地对待他们真是一件“亏本的买卖”，付出与收获不成正比。

然而，如果能点燃孩子们对学习的热情，改变孩子们的人生轨迹，使孩子们拥有幸福的学习生活，那是多么令人骄傲与自豪的事情啊！

我必须改变自己，要想不做“亏本的买卖”，就要想办法找到使学困生不困的秘方。

人是一种奇怪的“动物”，有时一个非常简单的道理，几十年都想不明白，到了某一时刻却豁然开朗。2008年暑期，我对二十多年的学困生辅导作了长时间的反思。

我想：学习困难的学生为什么课后需要我补课，是因为课堂上没有理解与掌握。如果课堂上能理解与掌握，课后就不用补课了。因此，必须想办法让学困生在课堂上也能理解与掌握新知。

我又想：学习困难的学生为什么在课堂上无法理解与掌握新知呢？这一点也不奇怪。如果学困生在课堂上或课后的老师辅导中能牢固掌握新的知识，那才是不可思议的。因为学困生掌握不了新知的原因有两个：一是他根本就没有学会的基础，课堂上学不会是正常的；二是学困生在课堂上压根就没有投入学习之中。从长远看，没有进入学习状态的主要原因还是缺乏学习基础。

我再想：解决这一问题的有效方法就是补基础，使学困生拥有学会的资本。简单一点说，就是变课后补课为课前补课或课内补课。

对，课前补课才是符合学生学的规律的。

教学五年级教材中平行四边形、三角形、梯形面积计算的内容前，我先辅导几个学习困难的学生掌握三年级所学的面积的意义、长方形和正方形面积的计算。三年级的学习内容对他们来说还是比较容易的，因此，他们学起来没有感到困难。最后，我提醒他们，求平行四边形的面积就要想办法把平行四边形变成已经学过的图形，让他们提前接触新知，使他们对新知不感到陌生。

第二天，我欣喜地发现，那几个所谓的学困生都在抢着举手发言，给大家介绍平行四边形如何变成长方形，俨然成了课堂的主人，焕发出从来没有过的自信。

因此我认定，课前补比课后补好！

课前补课让学困生具备了学得会的基础，为了让他们投入学习，就要有跟进措施促进他们成为学习的主人，而不是旁观者。在新授过程中，要提供机会让学困生展示，以展示诱导他们投入学习。当然，学困生的展示可能有一些困难，会浪费一些课堂教学的时间，但我认为这是有长远价值的。在独立作业时，教师的主要任务是走近学困生，不给学困生偷懒的机会，他们做完一题改一题。

长期坚持下去，学困生的学习习惯、学习意志力、学习自信心就会一点一滴地积累与形成，教育的目标不正是在这一点一滴中实现的吗？

案例　每天上台露露脸

方杰，又是一个让我很无奈却又很好奇的人。在老师和同学们心目中，方杰是全世界最为懒惰的一个人。课堂上作业的时间，他一个字都懒得写。我走到他跟前催促他，他好不容易从书包里找到那支令他讨厌的笔，可就是写不下去。你说怪不怪，很难让他的眼睛往黑板上看，他甚至连小动作都懒得做。

必须让他勤快起来。

每节课，我都要给他设置一个问题和一道习题，让他露露脸。刚开始，让他回答问题，都要叫上好几遍他才会醒过来，然后慢悠悠地站起来，半天也不说一句话。让他上台板演，他也是走过场。同学们有些意见，我就开玩笑地说："让方杰走一走，要不坐着太辛苦了！"

即使这样，我还是坚持让他回答问题，让他上台板演。慢慢地，情况悄悄发生了变化，旁边的同学忍不住告诉他答案，他也能跟着回答，或上台写几个数字。等他回到座位上，我和同学们又耐心地帮他分析出错的原因。我知道，我要的是过程，而不是结果。但对于其他同学来说，这可能是在浪费时间。

为了节省课堂上的时间，我每天提早到教室，第一件事就是告诉他将要他回答的问题或需要他板演的题目，让他提前做好准备，有时还会教他如何回答和做题。这样，他每天基本上都能过关。同学们也悄悄地体会到他发生的变化了。

同学们在做课堂作业时，他还是懒得动笔。我又要求他把作业写在黑板上，在众目睽睽之下他不好意思不动脑筋，也就硬着头皮写上几题。这样，我就有机会对他现场辅导了。

我很清楚，我要的不是结果，而是过程。

半个学期过去了，我惊奇地发现：他不是不能学，而是懒得学。有了每天的一个问题和一次板演，有时能获得一次表扬，他变得越来越勤快了！

第二个学期，我每节课给他两个问题和两次上台板演的机会，而请其他同学给他当老师或裁判。慢慢地，思考老师给他的问题和完成老师给他的题目成了他的习惯，甚至他偶尔能主动地回答其他问题和上台板演他会做的题目。

我欣喜若狂。

受方杰事件的启发，在每天的教案本上，我都会注明哪个问题请谁回答，哪道题请谁板演，请谁当小老师，我应该怎样表扬、怎样引导，做到有的放矢、心中有数。

案例　让他当当"裁判员"

九年一贯制学校给我对学生的后续发展的研究提供了方便。

周强今年初三，市、区质检都取得了好成绩，相信他下半年进入一级达标高中没有问题。

谁能想到，小学五年级时周强还是一个学习困难的学生，他学习习惯差，上课总是提不起精神，学习成绩自然也不好。学习成绩不好，不等于数学思维能力弱，周强的数感比较强，他还是一个可塑之材。

周强是如何喜欢上数学的呢？想起来很有意思，在课堂上，我不是让他当"运动员"，就是让他当"裁判员"。

一次，我看到周强上课懒洋洋的，就故意让他给几个同学写在黑板上的解答过程作评判，连叫了三次“周强同学”，他才反应过来，然后慢悠悠地走向讲台，结果给判错了，引起了一阵笑闹声。我告诉他，下节课还让他当“裁判员”。

第二天数学课上，周强一反常态，眼睛没有离开过黑板，动笔练习时，也是少有的认真，对于别的同学做在黑板上的题，看得特别专注。我如约请他上台作评判，他落落大方地走向讲台，拿起粉笔很快就在黑板上画上“√”和“×”，结果全部判断正确，本想看他笑话的同学也对他刮目相看。

对，多让他上台当“裁判员”！我又告诉他，以后经常让他当“裁判员”。

我发现，只要让他上台展示，他就会表现得特别好；让他当别人的“裁判员”，他就会准备得很充分。看来，谁都爱“面子”，谁都有荣誉感。

周强当“裁判员”非常爱较真，连同学们漏写一个标点都要给指出来，我也经常表扬他做事认真。慢慢地，他学习数学真的认真起来，本来他写字很难看，现在也一笔一画毫不含糊。我想：经常当“裁判员”的人，怎能甘于落后于别人呢？

当“裁判员”使周强找到了自己的那份荣誉感和自信心。我想：人的每一次改变，都是源于心的改变。

看了上面三个案例，你是否找到转变学习困难的学生的答案了呢？

2.简单教数学如何达成

2.1 有准备地教

要上好一节数学课，充分的课前准备至关重要。课前准备为何重要？如何进行课前准备，课前准备什么，才能使课堂教学简单有效？

◆ 不能凭经验上课

教师在课堂之外要从学生的作业堆里解放出来，把更多的时间放在课前准备——研究教材、研究学生、研究课堂，走向专业发展的道路上。课前准备做足了，课堂效率就能提高；课堂效率提高了，就可以留出更多的时间落实课内作业；有了更多的时间落实课内作业，教师就有更多的时间当堂批改学生的作业。

这样，教师的教学工作就走进了良性循环的轨道。

备课、上课、改作业是教师教学的主要工作，如果上一节课需要一节课备课，一节课准备教学具、课件，一节课改作业，那么，上一节课就相当于四节课的工作量。没有兼职的数学教师每周按 12 节课计算，就有 48 节课的工作量，还要参加教师例会、教研组活动、大课间活动等。也就是说，数学教师每周 40 个小时的法定工作时间不停地忙碌和运转，也只能完成基本的学校工作。

上课的时间是固定的，无法放松自己；改作业也是无法懈怠的，学生都在等着你批改的作业，家长都会监督你是否批改过孩子的作业；唯独课前准备无法衡量，准备得多、准备得少、准备得是否充分，学校很难界定，只能通过检查教案来判断，而单纯通过教案来衡量一个教师课前准备的好坏又不太站得住脚。在繁忙的工作中，不经意间，教师就会在课前准备的环节上放松自己，因为他们有经验作支撑。

而课前准备恰恰是教学工作最为重要的一个环节，课前准备充分，课堂的质量就高。课前准备又是教师专业发展最为重要的工作，它要研究教材、研究学生、制定教学方案等，每一次课前准备都是一次专业成长的磨炼。

教师的成长可以分为三个阶段：第一次成长期、高原期、第二次成长期。从大学毕业走进学校，熟悉教材与学生，向同伴学习教学的基本步骤与方法，这一成长期主要靠模仿、积累经验，教学专业水平提高得很快。第一次成长期大概持续十至十五年，许多教师开始感觉专业水平的提高越来越难，一直在不断重复地做事情，这时候就步入了专业成长的高原期。大部分教师很难从高原期步入第二次成长期，甚至终生没有走出这个时期。

调查研究发现：处在高原期的教师花在作业批改上的时间远多于课前准备的时间，许多教师给学生布置了比较多的作业，自己也要批改比较多的作业。批改学生的作业是为了了解学生知识掌握的情况，其实，只要批改一部分不同学力学生的作业，就大致可以了解学生知识掌握的情况。然而，班级学生有几十个，教师却要一次性地重复批改几十份相同的作业。

处于高原期的教师有一定的经验，往往凭着多年积累的经验教学，相信自己能把握课堂教学。然而，由于没有做好充分的准备，对学生的困难没有充分地预设，越来越多的学生没有当堂掌握新知，自然就通过加重学生的负担来弥补，而加重学生的负担自然就会加重教师的负担，教师自然就把更多的时间花在改作业上，而不去通过提高自身的专业水平来提高教学质量，这样就进入了一个恶性循环的轨道。

我的同事王老师是一个“老黄牛”，工作认真负责，一件小事就能让她晚上睡不着觉；她所任教的班级考试成绩在年级各班中名列前茅。她经常给大家介绍教学经验，大家都觉得她的教学经验丰富。

可是，新接的一个班学生给她制造了很多麻烦，弄得她焦头烂额、“名声”扫地。这个班男生占了三分之二，比较好动。遗憾的是，王老师没有改变原来的教学策略。不到一个月，学生就失去了学习数学的兴趣，这个班就成为学校有名的“乱班”。

让王老师想不明白的是，以前教得好好的，多年来积累的经验怎么就不管用了呢？于是，恨铁不成钢的心理使她失去了理智，先后对几个调皮的学生动起手来。这一动手不仅没有改变班级“乱”的状况，还引来了学生和家长联名递给校长的有理有据的“告状信”。

走访了几个学生，我才弄明白王老师不受学生欢迎的原因是教育方式单一、上课面面俱到、过于啰唆。

不得已，在重新安排课务时，换了林老师接替王老师带这个班。不到一个月，这个班就改变了原有的面貌，学生又开始喜欢上数学了。

在日常的工作中，提高教师的专业水平最为基本的途径是课例研讨与课后反思，而每次课前准备就是一次课例研讨，课后反思必须建立在课前准备的基础上才更为有效，没有充分准备的问题反思的研究难以深入。经验就是在课前准备与课后反思中积累起来的，并在课前准备与课后反思中形成新的经验，专业水平由此而提高。全国著名教育专家成尚荣老师说得好：“经验是可贵的，但也是可怕的；优秀教师要从高地走向高峰，就要不断地超越自己，从某种意义上说，优秀是卓越的敌人。”

不能凭经验上课，再有经验的教师都要做好充分的课前准备。教师要把更多的精力用在课前准备上，就要减少课后改作业的时间。要减少课后改作业的时间，就要减少学生过多的课外作业，争取在课内完成学生应该完成的作业。而课内完成作业，就给教师当堂批改、面批面改提供了可能。

教师从学生的作业堆里解脱出来，就有充分的时间思考教与学的问题，用教育理论来反思自己的经验，从而不断提升自己经验的品质。

◆ 显性教案与隐性教案

课前准备一般要做这几项工作——研究教材、研究学生和备写教案、准备教具与学具、制作课件等，做这些课前准备要花多少时间？

福建省组织教学基本功大赛，有教学设计、课件制作、片段教学（模拟课堂）等，教学设计一个项目就有八大内容：教学内容概述、教学目标分析、学习者特征分析、教学策略选择与设计、教学资源与工具设计、教学过程、教学评价、帮助与总结等。试想，参赛者需要用多少时间才能完成教学设计？

日常的课时教学是无法做到的。

一个教师要上好一节课，至少要花一节课的时间写教案，花一节课的时间准备教具、学具和制作课件，课后至少花一节课的时间批改作业。那么上一节课，至少要用四节课的时间。如果一天按 3 节课计算，就要花 12 节课的时间，每节课按 40 分钟计算，就要花 480 分钟，相当于 8 个小时的工作量。也就是说，一天工作 8 个小时不休息，才能完成教学任务。而教师除了上课、改作业，还要参加教研活动、教师例会、班主任工作等，这样，教师就在超负荷运转，就在不断地重复工作，慢慢地就成了教书匠。

怎样的课前准备既能少花时间又能增效？

老教案、老课件、老教具能否新用？

别人的教案、别人的课件、别人的教具能否为我所用？

如果老为新用，他为我用，能节省多少时间？

如果集体备课，循环使用，又能节省多少时间？

教案是以一节课为单位进行编写的，是教师实施教学活动的具体方案。在教师备课工作中，教案是最后一个环节，也是最全面、最系统的一个步骤。到底是写详案还是写简案，是写学案还是写教学案？众说纷纭。

教师要为自己减负，减负的前提是增效，学会让前面写的教案为后面所用，让别人写的教案为我所用，在前面写的教案、别人写的教案的基础上增一增、减一减、改一改，使旧的教案增值，那么，就可以把时间省下来做点研究，形成专业成长的良性循环。

写教案的目的就是把显性的(纸面文字的)变成隐性的(内化在心里的)。

从教二十多年来，我写了十年详案、十年简案，然后不写纸面教案，而想心案，真是十年磨一剑。写详案的目的是有朝一日能写简案，写简案的目的是有朝一日能不写教案。而且简案是在详案的基础上改编简化的，更加突出重点，更加关注学生的发展。隐性教案也是在简案的基础上改编的，更加开放，更加突出个性，更加讲究实效。

从教二十多年后，我一般不再写教案，有时写教案也不按规定写，主要是不想浪费太多时间，因为上面所说的八大部分内容都想在心里，写出来既要花时间，又没有太大意义。有时觉得一节课有推介价值，上完课后就写成案例与同行共享。我把我的教案叫作隐性教案。

我不写教案的自信来自十年写详案、十年写简案，慢慢地形成了自己相对固定的课堂教学模式，或者说是自己的教学风格吧！ 自己的教学模式或教学风格使课堂教学的质量至少能“保底”。

人教版小学数学五年级下册“分数的意义”一课的设计就是一个很好

的例子。

“分数的意义”是小学高年级数学的一个重要内容，几乎所有小学数学领域的名师都借助过这堂课展示自己的风采，一线教师更是选用这节课来挑战名师。同样的课，不同的人有不同的演绎。

结合自己的教学经验，并与同行切磋，我还是感到困惑：学生似乎已经理解了分数的意义，但解决分数问题时总是有这样那样的困难和问题，为什么呢？

我思考：“分数的意义”究竟要学生理解什么？“把单位‘1’平均分成若干份，其中的一份或几份的数叫分数”，这句话读起来容易，理解起来难哪！单位“1”指什么？一份或几份的数又指什么？单靠读是读不出意义来的，要靠“做”，在做中真正地理解。

我思考：如何理解单位“1”？单位“1”是指一个整体，一个整体又如何理解？1盒饼里有1个饼也叫“1盒”，有2个饼也叫“1盒”，1盒饼里无论有多少个饼都叫“1盒”，用“1盒饼”来理解单位“1”不就很容易了吗？

我思考：分数问题“难”在哪里？难在“率”或“倍”与实际量容易混淆，也就是分的数量不同，它的几分之几也不同。因此，分数意义的难点就在这儿。

我又思考：怎样突破这一难点呢？最好的方法就是提供“1盒”里数量不同，分的份数一样，而每一份不一样的数学活动，在“变与不变”中让学生理解分数的意义。

这样，对分数本身的认识就到位了，课堂教学活动环节也就渐渐清晰起来了。

一、分1个大饼的$\frac{1}{2}$和1个小饼的$\frac{1}{2}$，思考：同样的$\frac{1}{2}$，为什么大小不一样？

二、分1盒里2个饼的$\frac{1}{2}$是1个，1盒里有6个、8个饼，它的$\frac{1}{2}$是多少？思考：同样的$\frac{1}{2}$，为什么个数不一样？

三、比较哪些变了、哪些没变，明晰：总数变了，份数一样，每一份就发生了变化。

四、用线段图表示把“1盒”（单位“1”）平均分成2份，这盒饼里有2个、

3 个、4 个、5 个……它的$\frac{1}{2}$相应是 1 个、1.5 个、2 个、2.5 个……

这样，分数的概念就在分 1 盒饼的数学活动中建立起来了。

就像“分数的意义”教学一样，我把更多的精力用在研究自己、研究教材、研究学生上，使教师的价值最大化，使教材的价值最大化，使学生的价值最大化，促进教师、教材、学生的和谐统一。

◆ 教师、教材、学生的统一

数学教学中存在三种思维活动，即数学家的思维活动、数学教师的思维活动和学生的思维活动。成功的数学教学就是要实现这三种思维活动的和谐统一。

数学家的思维活动一般存在于教材之中，统编教材面向全国不同地域文化和不同程度的知识背景的学生，而数学家的思维与学生的思维水平存在着一定程度的差异。

单纯以教材为凭借照本宣科地教学往往远离了学生的生活经验和地域文化，给学生理解数学知识造成了很大困难；往往脱离了现实的客观存在，使学生体会不到学习的价值；往往偏离了学生的心理特点，使学生在被动的状态下学习。

教师的教学（思维）活动应尽量拉近数学家与学生思维活动的距离，灵活地处理教材，使教学活动贴近学生的实际，实现三种思维活动的和谐统一。

课前准备首先要弄清楚以下三点：

教师是谁——怎么教？

教材是谁——教什么？

学生是谁——为谁教？

教师是谁，决定“怎么教”。怎么教源于教师对学科的理解、对教材的理解、对学生的理解、对自己的理解。我在上课之前一般会想想自己以前是怎么教的、结果如何，别人是怎么教的、结果如何；然后在网上或报刊上搜索相关教学设计与案例，以改进自己的教学方案。

教材是谁，决定“教什么”。不能忽视教材的作用，要读懂、读透数学课程标准和配套教材，深入了解教材的编写意图，甚至每一道习题的用意，寻找机会与编者沟通，这样更能准确地给教材定位，把握教材内容的核心。

学生是谁，决定“为谁教”。用教材教，而不是教教材，源于课堂教学的对象不同，因此，教学的方式方法也要随之改变。数学教学需要考虑学生的学习程度、年龄特点、学习差异、学习心理等因素。对教学对象把握得越准，教学方式方法的使用就越恰当，教学效率就越高。

2.2 怎么教才算简单

根据同样的教学设计，不同的教师会上出不同的课，有些教师表现得淋漓尽致，有些教师上得心灰意冷、索然无味。有些教师模仿名师的课堂，却上不出名师课堂教学的“味儿”，从而以失败告终；有些教师的教学设计很具理论高度，但课堂实施却不如人意；有些教师文章写了一大堆，发表了几十篇甚至上百篇论文，但教学成绩却一塌糊涂，让人担心。

做一个好教师不太容易，从宏观上分析，必须具备两种知识：一是学科知识——对数学的理解，对数学本质的把握。二是教学方法的知识。教学的对象是人，是活生生的还处在幼稚阶段的儿童，因此，教学需要方法。

◆ 把握数学的本质

在探讨新课程背景下小学数学课堂的过程中，教师们越来越意识到自身最欠缺的是对数学本质的理解与把握，只关注教学的“显性内容”（教材呈现的例题与练习），而忽视教学的“隐性内容”（数学文化、数学思想方法等），课堂教学往往就显得很“单薄”，这就需要教师从数学本质的高度上去思考“教什么”和“怎么教”，使课堂教学更加“厚实”一些。

1. 基本概念的理解

“越是简单的往往越是本质的”，小学数学的概念都是非常基本、非常重要的，所有的数学技能都离不开对数学基本概念的理解。数学基本概念，包含概念的意义与价值，概念的现实原型，概念所特有的数学内涵、数学符号，以及以这一概念为核心的“概念网络图”的构建等。

如小学数学中一个很重要的概念——分数的认识，首先从分数的产生入手，从“平均分”或计量长度的现实模型中让学生产生学习分数的需要，让学生经历并体验把一个“整体”平均分成各个部分，借助于不同的直观模型（如面积模型、集合模型、数线模型等）建构部分与整体的关系，并了解这种关系可以用一个新的数来表示。之后才可以给出分数的“符号”表征，并建立“动作”（分一分）与“符号”之间的一一对应关系，从而让学生理解分数。值得注意的是，只有区分“量的分数”与“率的分数”的数学内涵，才能加深学生对分数的理解。否则，在解决分数问题时学生还会遇到困难。在后续学习过程中，逐步构建以分数为核心，整数、小数、百分数、比、概率、除法相互联系的“网络图”。

对于分数的基本概念要在“有过程”的教学中让学生体验与感悟，从学生原有的经验、原有的初步认识逐步抽象概括出分数的形式化定义。只有经历了“过程”的学习，学生才能真正理解分数的含义，正确解决有关分数的实际问题。

2. 思想方法的渗透

数学思想就是对数学的知识内容和所使用的方法的本质认识，是对数学规律的理性认识。数学方法是解决问题的策略与程序，是数学思想具体化的反映。笛卡儿说：“最有价值的知识是方法的知识。”数学领域的知识博大精深，学之不尽，小学生所学到的只是数学基础知识中最基本的东西，因此，课堂教学更重要的是让学生了解或理解一些数学的基本思想，掌握一些研究与解决数学问题的基本方法，从而获得独立解决问题的能力，提高学生的数学素养。

小学阶段的重要思想方法有分类思想、转化思想、数形结合思想、一一对应思想、函数思想、方程思想、集合思想、符号思想等，对这些数学思想与方法的把握，对学生的发展有重要意义。在课堂教学中，教师要有意识地渗透数学思想与方法。如教学“圆的周长”一课，教材通过探究圆的周长与直径的关系推导出周长的计算方法，教师在“求圆的周长”中渗透“以曲化直”的方法，让学生思考：“用一把剪刀，只剪一刀，怎样剪才能把一个正方形剪出一个圆来？”通过作品展示、对比，让学生发现对折的次数越多，剪下的图形就越“圆”，它的周长就越接近圆的周长，体验极限思想。然后借助电脑演示，并介绍刘徽、祖冲之的“割圆术”，让学生经历正多边形逼近圆的过程，进一步理解“以曲化直”的问题解决策略。

3. 思维方式的感悟

数学是“锻炼思维的体操，启迪智慧的钥匙”。数学有其独特的思维方式，主要有比较、类比、抽象、概括、分析、综合、猜想、验证，这也是数学的魅力所在。比较、类比是聚焦数学事实关键特征的思维方式，抽象、概括是形成数学化概念的核心，分析、综合是解决问题的重要策略，猜想、验证是探索数学特征、规律的有效途径。只有经历与感受这些数学思维方式，才能提高数学学习的能力。如在教学“分数的认识”时，根据变易图式展开教学活动，在“变”与“不变”的比较教学活动中有效地找到分数的关键特征和分数大小比较的内在规律。如下表所示：

教学活动	变	不变	关键特征
活动一	分子：取去的份数 $\frac{1}{12}\longrightarrow\frac{3}{12}$	分一组物件的数量（12 个） 分母：等分分量 $\frac{1}{12}\longrightarrow\frac{3}{12}$	分子的意义：取去若干等份中的份数 分母相同，分子越大，分数值越大
活动二	分母：等分分量 $\frac{1}{12}\longrightarrow\frac{1}{4}$	分一组物件的数量（12 个） 分子：取去的分量 $\frac{1}{12}\longrightarrow\frac{1}{4}$	分母的意义：把一组物件分成的等分分量 由于等量等分的份数不同，每份的个数也不同，分的份数越少，每份的个数就越多 分子相同，分母越大，分数值就越小
活动三	分子：取去的份数 $\frac{1}{4}\longrightarrow\frac{3}{4}$	分一组物件的数量（12 个） 分母：等分的分量 $\frac{1}{4}\longrightarrow\frac{3}{4}$	等量等分的份数相同，每份的个数也相同，份数越多，个数也越多 分子或分母代表的是等分的数量，而不是个数

在教学活动过程中，通过对 12 个小圆片的操作比较，去粗取精，去伪存真，抓住了分数的基本特征与本质，对分数的分子和分母所表示的含义以及分数大小比较进行了抽象概括。

4. 学习品质的培养

好奇心、认真、专注、严谨、细心、探究精神等都是学习品质的范畴，这些都是新课程教学中学生缺乏的，而又是学生学好数学必备的。在实际教学中，学生抄错、看错、算错的现象非常普遍，我们都将之归因于“粗心”。实验证明,“粗心”的背后是学生的学习品质的缺失。笔者曾经做过一项实验：期末复习时出现了一道“甲比乙多走 5%,那么乙就比甲少走 5%”的判断题。经过讨论，同学们明确了两个 5% 的标准量不同，因此，它们的对应量（实际量）不等。期末考试卷中又有意出了一道相似的判断题——“甲比乙多走了全长的 5%，那么乙就比甲少走全长的 5%”，结果“全军覆没”。很显然，学生受到复习题的干扰而“上当”了。许多学生错误解题的主要原因是不善于读题、审题，题目意思还没弄明白就下笔了。因此，在教学中培养学生的学习品质是很重要的。

◆ 把知识串起来

数学知识点不是孤立存在的，它们之间有密切的联系。每一个新知识点都是旧知识点的延续，有一根无形的“线”将它们串起来，这根无形的“线”要靠教师引导学生去寻找，把学过的各部分知识联系起来，把知识结构内化为认知结构，重建数学的知识系统，达到融会贯通。

整数、小数、分数、百分数之间有什么联系？整数、小数、分数加减、乘除法之间有什么关联？整数问题与分数、百分数问题之间有什么联系？各图形之间、各图形面积与体积之间有什么联系？找到了它们之间的联系，学生学起来就轻松、有趣多了。

以“线”串讲的妙处多多，请看以下三个案例。

案例　整数除法与小数除法

小数除法与整数除法的基本方法是一样的，不同的是小数除法计算时，商的小数点与被除数的小数点对齐；整数除法除到个位时，可能有余数，而小数除法中有余数，可以添0再除。因此，借助于整数除法之“力”探究小数除法的计算方法轻而易举。

首先，为学习除数是整数的小数除法搭好“脚手架”：

4500÷5=900

450÷5=90

45÷5=9

4.5÷5=0.9

0.45÷5=0.09

其次，用乘法验证4.5÷5=0.9，0.45÷5=0.09是否正确。

接着，讨论：怎样计算除数是整数的小数除法？

（1）把4.5看作45个0.1，除以5等于9个0.1，是0.9。

（2）把0.45看作45个0.01，除以5等于9个0.01，是0.09。

竖式：

```
      0.9          0.09
  5 ) 4.5      5 ) 0.45
      4.5          0.45
  --------     ---------
        0             0
```

在学习除数是小数的除法时，引导学生把除数变为整数再计算。

对于稍复杂的数学问题，最好的教学方法是将前后学的知识与方法联系起来并作分析对比。复杂的问题只是在简单问题的基础上增加一些中间的问题，解题的方法、思维方式并没有变。通过“变”与“不变”的比较思维方式能很快地找到事物最为关键的本质特征。

案例　整数问题与分数、百分数问题

有幸在厦门遇到台湾大学数学教授黄敏晃与小学数学专家吕玉英老师，谈起分数教学时，吕玉英老师提出一个有趣的问题：什么叫分率？我解释了老半天，最后还是用例子说明：一个数的$\frac{1}{2}$，这$\frac{1}{2}$是分率；一个物体的长度是$\frac{1}{2}$米，这$\frac{1}{2}$是一个量。吕老师这才明白过来。

分数应用题长期以来一直是难教难学的内容，教师们一般会用“单位

1”、“对应量”、“分率”等术语来帮助学生分析数量关系，但这些专业术语对于学生来说，理解起来是很困难的。新课程淡化了这些概念和公式，那么，我们又如何让学生真正理解并掌握分数问题的解决方法呢？

吕老师介绍说台湾的小学一直是使用“倍”的概念解决分数问题的。是啊！可以将分数问题与二年级开始学习的倍数问题联系起来，让学生理解分数应用题就是将倍数关系以分数形式呈现的倍数问题，其数量关系、分析方法与过去所学的倍数问题不是完全相同的吗？

出示：男生有20人，女生人数是男生的2倍。女生有多少人？指出一倍数、倍数等基本概念与数量关系。

再出示：男生有20人，女生人数是男生的1.5倍。女生有多少人？比较这两题，只存在由整数变为小数这种外在变化，它们的数量关系一样。

将第二题中的“1.5”变为分数，即：男生有20人，女生人数是男生的$\frac{3}{2}$。女生有多少人？

将一倍数与单位“1”、倍数与分率进行比较，建立联系，让学生明白分率与倍数只是意义相同的两种不同说法而已，达到新旧知识的融会贯通。

案例　这样导入，可否

理解分数的意义是学生能正确解答分数问题或百分数问题的关键。笔者从教二十几年，发现分数（百分数）问题是小学阶段学生最难掌握的知识之一。究其原因，自然是对分数的理解不够透彻。回顾听过的许多特级教师和一线教师的“分数的认识”一课，导入部分大同小异，请看下面的导入环节。

师：有6个苹果，分给笑笑和淘气，你想怎么分？
生：每人分3个。
师：为什么？
生：这样分才公平。
师：这样分，我们把它叫“平均分”。
师：把4个苹果平均分给2个人，每人得几个？
生：4除以2等于2，每人得2个。

师：把 2 个苹果平均分给 2 个人，每人得几个？

生：2 除以 2 等于 1，每人得 1 个。

师：把 1 个苹果平均分给 2 个人，每人得几个？

生：每人得半个。

师：这半个怎么用数来表示呢？

生：半个可以用 0.5 表示。

生：用一分之二表示。

生：用二分之一表示。

师：是用一分之二还是用二分之一表示好呢？

生：一分之二。

（认为用一分之二表示好的同学明显占了上风，只有一个同学认为用二分之一表示好）

师：是的，正确的答案是用二分之一表示。

（教师在黑板上示范写“$\frac{1}{2}$”，并让学生读一遍）

……

以上导入给学生渗透了分数产生及分数学习的必要性，但它给予学生一个错误的信号，就是只有一个苹果（一个物体）平均分成几份，才需要用分数表示，大部分学生用一分之二（一分为二）表示半个也验证了这一点。学生刚开始学习分数，教师就让学生形成了一个强烈的思维定势，给往后学习多个物体组成的一个整体平均分成若干份，每份也可以用分数表示，也就是分数的相对性理解埋下了隐患，为此，建议作细微的调整，请看以下处理：

师：有 6 个苹果分给笑笑和淘气，你想怎么分？

生：每人分 3 个。

师：为什么？

生：这样分才公平。

师：每人一半，2 人分的一样多，叫“平均分”。（课件演示分的过程）

师：把 4 个苹果平均分给 2 个人，每人得几个？

生：4 除以 2 等于 2，每人得 2 个。

师：（演示）一人一半得2个。那么，把2个苹果平均分给2个人，每人得几个？

生：2除以2等于1，每人得1个。

师：还是每人一半，是1个。把1个苹果平均分给2个人，每人又得几个？

生：每人得半个。

师：这一半怎么用数来表示呢？（板书"一半"）

……

"一半"与"半个"有本质的区别，"一半"既可表示"率"，也可表示实际量，而"半个"只表示实际量。教师强调"一半"，就隐藏着分数的相对性意义在里边，也就是"6个的一半是3个，4个的一半是2个，2个的一半是1个，1个的一半是$\frac{1}{2}$个"。同时，使分数与除法也建立了密切的联系。这样，学生学习"分数的再认识"时，体会分数的相对性就容易了。

看来，课堂无小事！

教师怎样才能教好数学？从微观上分析，要了解教材和学生。了解教材，就是吃透教材的编排体系和编排意图，形成自己对教材的理解；了解学生，就是把握学生的年龄特点、认知特点，思考用什么方法把教材的知识变成学生的知识。

◆ 发挥自己的优势

王老师准备参加全省小学思想品德学科课堂教学评优活动，上的是一节低年级的课。王老师是一位男教师，在借班试教过程中，无法与低年级的孩子"融"在一起，总是找不到"感觉"，很是苦恼。我当时恰好上一年级的数学课，市教研员余老师建议他抽空听我的课，学一学我是怎样与低年级的孩子相处的。于是，他悄悄地端了一把椅子坐在教室后面听了我的一堂课。

听完后，他很好奇地对我说："你一站在教室门口，微笑地看着学生，学生立即就安静下来，真神了！你有儿童语言，说的每一句话，学生都喜欢，我却很难做到。"

我鼓励他："你也试一试，可以做到的！"

于是，他学着我开始再一次试教，我也坐在教室后面听，感觉非常别扭。上完课后，他苦笑道："我怎么也学不会你的那种教学神态、教学语气！"

我告诉他："你的表情流露、儿童语言是装出来的，当然很别扭了。只要你心中有学生，教学设计适合学生，发挥你自己的优势，上出你自己的风格，这堂课是可以上好的！"

是啊！许多教师听完华应龙老师的课，都为其"大气"的教学设计和课堂魅力所折服，听课者对其评价可以说是好评如潮。于是，许多人满怀希望地把他的教学设计搬到了自己的课堂上。结果大不如人意，以"失败"而告终。

"失败"的原因可能有两个：一是没有领会华老师"这样教学"的"真谛"；二是华老师的课是为他自己量身定制的，在课堂上他能够运用自如，而其他老师不一定习惯这样教学。

五个手指都有长短之分，每个教师也都有所长、有所短，聪明的教师善于发挥自身的长处，在课前准备时设计适合自己的教学方案。

有信息技术专长的教师可以通过信息技术手段提高教学效率，在信息技术与学科整合教学方面走在别人的前面；讲功好的教师幽默风趣，其课堂生动形象，逻辑性、科学性很强，学生往往很喜欢，这样的教师就要发挥讲功好的特长，以提高课堂的实效性；书画好的教师要尽量少用课件，可以在黑板上引导学生把数学问题画出来，变抽象为形象，培养学生的形象思维能力，赏心悦目的板书与图形展现在学生面前，也是一种享受；喜欢唱歌的教师可以把数学规律、数学方法等编成儿歌，使之朗朗上口，便于记忆……

2.3　教什么是简单教的前提

教材是最基本也是最为重要的教学资源，它是编者（教育系统中的优秀教师）对数学家的研究成果进行系统整理、编排，经过认真研究、反复推敲才确定的，教师和学生主要依靠教材来系统地教与学。因此，教材是教学之本，课堂教学应该立足于教材，教师应该仔细地研究教材，吃透教材，从而用好教材。

在教学的过程中要"教什么"？这是经常被教师们忽视的一个重要问题。

教师们往往根据单一教材分析本课的教学目标，而不习惯于单元备课，分析一个单元内容的数学核心思想；往往只关注教材的“显性内容”（从教材呈现的例题与练习中确定学生所要掌握的知识），而忽略教材的“隐性内容”（教材背后隐藏的数学文化、数学思想、思维方式以及思维品质等）；往往还没弄清楚“教什么”就着手研究“怎么教”，使各个课时的教学偏离方向。只有理清了“教什么”这个问题，才能从总体上把握单元教学的深度与广度，使课堂教学更加“厚实”。

◆ 备单元教材

读懂教材，既要读懂一节课的教材的意图，又要从单元、从模块知识体系去考虑；既要带一台“望远镜”，又要配一台“显微镜”；既要有长期目标，又要有中期目标和短期目标。

下面以人教版五年级“图形的面积”单元为例谈谈笔者对教材的研究。

人教版五年级“图形的面积”单元教材包括四部分内容：平行四边形的面积、三角形的面积、梯形的面积和组合图形的面积。平行四边形、三角形、梯形的特征和长方形、正方形面积的计算是多边形面积计算学习的基础，而多边形面积计算又为后续学习圆面积和立体图形表面积作准备。各种图形面积的计算知识联系比较紧密。以长方形面积计算为基础，以图形内在联系为线索，以未知向已知转化、对比、推导为基本方法展开学习。在后续的学习过程中，逐步构建各种图形面积的计算相互联系的“网络图”（如下图）。

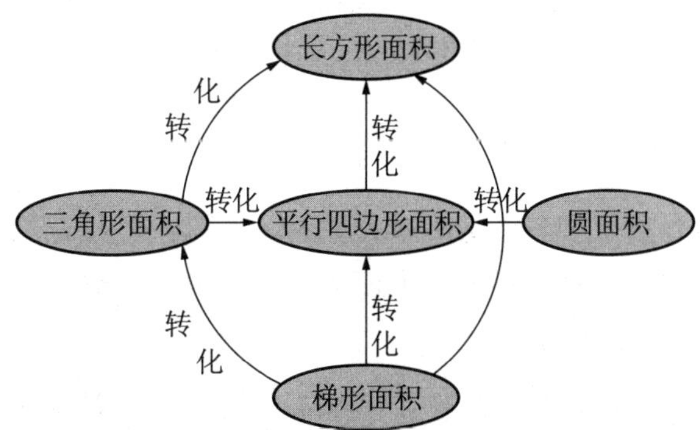

纵观本单元的教材编排，可以发现有几个鲜明的特点：一是注重以图形

之间的内在联系安排教学的先后顺序，先学习平行四边形面积的计算，运用“等积变形”的转化思想把平行四边形割补为长方形，帮助学生推导出平行四边形面积的计算公式，为后面学习三角形和梯形的面积公式积累经验（学习方法的迁移）。学生在对组合图形面积计算的学习中，可以把一个组合图形分解成已学过的平面图形并进行面积计算。二是注重对数学知识（面积计算方法）的探究，在“过程”中实现方法的渗透。引导学生将平行四边形转化成长方形以推导出平行四边形面积的计算方法；将三角形转化成已学过的图形（平行四边形或长方形）推导出面积计算公式；学习梯形面积的计算时，让学生综合运用学过的方法自己获取新知。

基于以上对教材的理解，我们怎样安排教学时间和教学侧重点呢？

1. 准备学

对学生的实际情况进行分析，在学习“多边形的面积”这一单元时，学生对于平行四边形、三角形、梯形这三种图形的特征和长方形（正方形）面积计算的学习已是一年前的事情了，他们对这部分知识可能会遗忘，对图形特征的理解可能不全面，所关注的往往是表面的问题，如对边、角特征的概括，而容易忽略“高”的存在。可是，“高”恰恰是学习本单元的一个重要知识点，在测量图形中的数据、推导面积公式、正确计算图形的面积时都离不开“高”。如果贸然进入新的学习内容，就会给学生学习新知造成较大的困难。基于这些考虑，我认为有必要先上一堂图形特征与长方形面积的复习课，为学习新知（图形的转化和面积的推导）作铺垫。这堂课的另一个目的是对学生进行调研，深入了解学生的学习现状，这样才能做到教不懂的内容、教不懂的学生。

2. 由“扶”到“放”地学

平行四边形面积的教学是本单元教学的关键，落脚点是引导学生运用转化的思想与方法寻找平行四边形面积计算的方法，这一内容的教学花上两个课时都不为过。

学习三角形的面积时，让学生运用平行四边形面积计算的探究方法寻找三角形的面积计算方法。由于平行四边形面积的推导是用“一分为一”的转化方法，而三角形的面积用“一分为一”的转化方法进行推导，学生感到困难较大，需要老师的点拨与引导。因此，这一内容的学习可采用“边扶边放”策略。

由于具备了前面两个图形面积计算的经验，学习梯形面积的计算时，教师可以放手让学生自己去探究。教师只要给学生提供展示的平台和机会，让学生体验探究新知获得成功的快乐。

如果三种图形面积计算方法的探究都采用一样的教学策略，学生的学习能力就无法形成，“教是为了不教”的教育思想就实现不了。

3. 串起来学

学生掌握的学科知识点越多，复习巩固的负担就越重，掌握学科知识点的边际成本就越大，这就难免让学生觉得枯燥和沉重。如果把长方形、正方形、平行四边形、三角形、梯形面积看作五个知识点的话，那么，把这五个知识点串起来就是数学知识了，学生的记忆与巩固就变得轻松了。

用什么来串呢？把其中一个图形转化为其他几个图形，用其他几个图形的面积计算方法求它的面积，或者求多个图形的面积时用一个图形的面积计算方法。这样就把学习的各部分知识联系起来，建构了知识的内在联系，把知识结构内化成认知结构，培养了学生把学科知识点串起来的逻辑与思维，达到知识的融会贯通。

◆ 备课时教材

落实单元教材目标，就要把单元教学目标分解到每一个课时中，每一个课时制定相应的教学方案实现课时目标。

以“平行四边形面积”一课为例谈谈应如何实现课时目标。

理解与掌握平行四边形面积的计算方法无疑是本节课的一个最重要的目标，“掌握”只有在“理解”的基础上才能实现，没有理解或不充分“理解”的“掌握”是不牢固的。许多学生在运用所学知识解决问题的过程中经常会束手无策，其根源就在于没有真正“理解”，只是机械地“接受”。“理解”需要一定的“过程”，因为没有“过程”就没有感受和体验，就没有真正意义上的“探究发现”，就更谈不上对学习、对学科的积极情感体验。这一“过程”应该是学生在教师的引导下的自我“建构过程”，即由学生已有的生活、学习经验到系统的学科知识的认识过程。因此，设计有“过程”的教学是教材的编者所希望的，也应该是我们首先要考虑的问题。

从学科的本质与教材编排的意图看，平行四边形面积计算方法的推导采用了转化的方法,而“转化”正是数学学习和研究的一种重要的思想方法。把不会的问题转化成会了的问题，将复杂的问题转化为简单的问题，这在解决数学问题时经常要用到。因此，教学的过程应该是学生经历科学研究的过程。在这一过程中，以探究活动为主要形式，发现和提出问题，对研究的问题进行假设或猜测，制定研究思路，鼓励动手实践操作，设法把所研究的图形转化为已经会计算面积的图形，比较分析所研究的图形与转化后的图形之间的联系,从而找到面积的计算方法，渗透“转化”的思想方法。

运用转化的方法推导面积的计算公式和计算多边形的面积，可以有多种途径和方法，切忌把学生的思维限制在一种固定或简单的方法上，要鼓励学生从不同的途径和角度去思考和解决问题，发展学生的思维，提高学生解决问题的能力，培养学生科学探究的精神。

此外，知识的拓展与运用要突出“变”，在“变”中促思、在“变”中激活，做到“两不”、“两要”。“两不”就是不机械运用公式计算图形的面积，不设计过多的题目让学生练习。“两要”就是要一题多变、一题多练，以促进学生对计算公式的灵活运用；要加强练习的探索性，重在培养学生的数学思维能力。

这样，教学思路就越来越清晰了。

1. 创设情境，揭示课题

（1）创境：新学期刚刚开学，学校就给五年级同学分配了卫生清洁区，猜一猜哪个班的清洁区面积大。

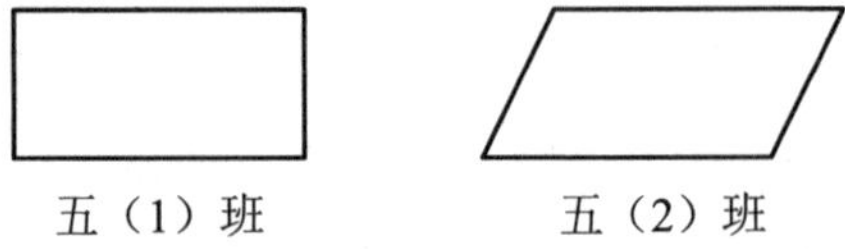

五（1）班　　　　五（2）班

（2）揭题：怎样证明你的猜想呢？

长方形可以先测量它的长和宽，再计算它的面积。那怎样知道平行四边形的面积呢？（板书课题）

建议：引入课题要“快”而“趣”。问题要有一定的挑战性，有利于激发学生的求知欲望和培养他们的创造性思维。尽快切入核心问题，为问题探究留下更多的时间与空间。

2. 引导探究，渗透方法

（1）小组讨论。你有什么办法知道平行四边形的面积？（为学生提供大小一样的长方形和平行四边形各一个供学生讨论）

学生讨论的结果可能有三种：

1）量出平行四边形的两条邻边的长，两个长度相乘的积就是平行四边形的面积。这是长方形面积计算知识的负迁移。

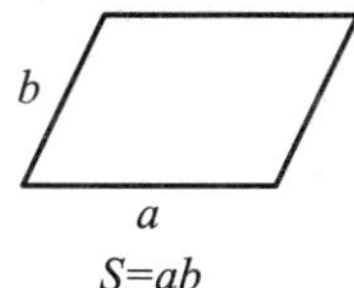

$S=ab$

2）将平行四边形与长方形重叠比较，发现一边多了一个三角形，另一边少了一个三角形，两个图形大小相等。

3）量出平行四边形的底和高，用底和高相乘求出面积。（得出这种结论的往往是有提前自学的学生）

建议：对于有不同想法而又合情猜想的学生，教师都要给予肯定，但不要急于给出正确答案。

（2）深入探讨。

1）针对第一种想法，通过拉动平行四边形框架，让学生发现两条邻边不变，但面积发生了变化，以此证明平行四边形的面积与一条斜边的长无关，而与高有直接关系。如下图：

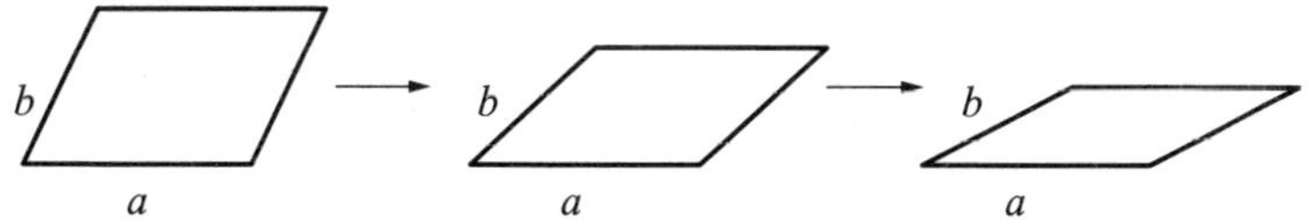

2）讨论长方形与平行四边形重叠，比较两者的大小，用割补的方法证明两者相等，为下一步的探究提供思路。

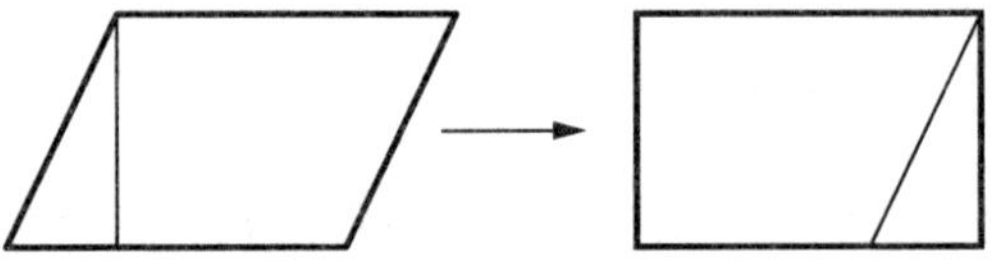

3）针对第三种意见，让学生谈谈各自的想法。证明平行四边形面积的计算方法并不是一件容易的事，许多学生只知其然而不知其所以然。

（3）操作推理。

1）适时引导：刚才我们用“割”与“补”的方法把平行四边形变成长方形，这种把要研究的图形变成已知面积的图形的方法叫“转化”，转化是数学学习的一种常用的思想方法。那么，是不是所有的平行四边形都能转化成长方形呢？试试看。

2）小组利用各自的平行四边形讨论怎样转化成长方形，并动手操作。

小组汇报，课件演示剪拼过程，如下图所示：

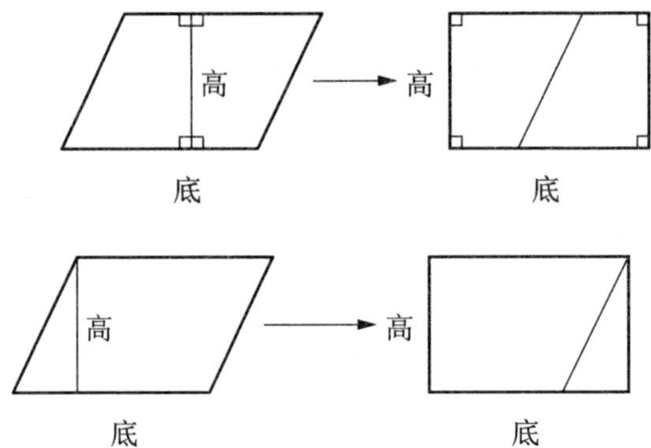

3）建立联系，推导公式。

学生讨论平行四边形和长方形的联系，教师适时板书：

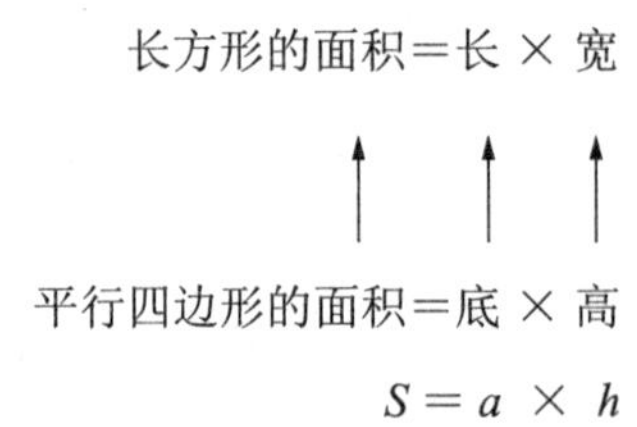

（4）初步运用。

如果这个平行四边形清洁区的底是 50 米，高是 20 米。它的面积是多少？

（5）小结。（略）

建议：探究问题要“慢”而“透”。要充分唤醒学生已有的知识经验为探究服务，让学生经历猜想与验证、分析与推理的学习过程。在教学中，切忌由教师直接演示推导过程，课件演示是在师生充分讨论的前提下将学生的思维过程形象直观地呈现出来。图形转化后的推导是学生学习的难点，有些学生可能不知道怎样去思考，可以用问题的形式降低“坡度”。

3. 拓展练习，发展思维

（1）想办法求下面平行四边形的面积。

（2）看谁能先说出下面平行四边形的面积。

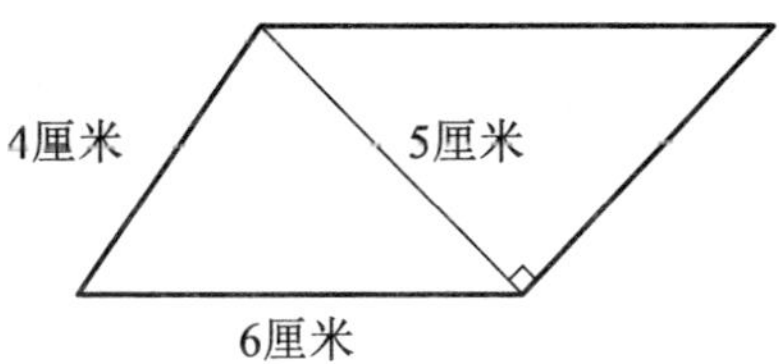

提问：6 厘米底边上的高又是多少？

建议：练习不在于多，而在于“精”而“巧”。新授课要有别于练习课，不要追求课堂知识容量，而要留有独立作业的时间。

4. 课堂作业，个别辅导

建议：学生独立作业时，教师及时辅导学习有困难的学生，做到“课内补课”。并当堂批改做得较快学生的作业，做到及时反馈。

◆ 改造教材

我们必须清醒地认识到，教材无论怎么编，都无法顾及所有的学校、学生和教师。适合城市学生使用的，不一定适合农村学生；适合北方学生使用的，可能不太适合南方学生；适合学习优秀的学生学习的，对于学习困难的学生来说可能不太适合；这位老师用起来顺手的，另一位老师用起来可能会有困难。因此，不能完全依赖教材，而应该根据教师的特点和学生的实际情况创造性地使用教材，使教学的材料更加贴近学生的实际，使教学方法更加科学、合理，这就是教师要做的工作。

但无论教师怎么重组教材、改造教材，都必须尊重教材，不能“舍近求远”、“漫无目的”。或者可以这样说，同样的内容，同样的落脚点，可以有不同的演绎。

聪明的教师不会去推翻教材，而是在原有的教材编排内容的基础上修改，让例题与习题价值最大化。

1. 让例题教学更适合学生

例题是学习新知的重要载体，例题教学是课堂教学中的关键环节，例题教学成功与否决定了整个课堂的质量。让例题更加贴近学生的生活、贴近学生的实际、贴近教学的目标，是教师课前准备时要重点考虑的问题。

案例　学习材料的艺术“包装”

一

“两个数相除就叫这两个数的比”，这就是教材给“比”下的定义。“两个数相除”是一种运算，而“比”是一个数学概念。教材中通过一个长方形的长和宽的比较——长是宽的几倍、宽是长的几分之几、长与宽相除也可以写成长比宽，从而给“比”下定义。我总觉得这里有些别扭，学生学起来更是一头雾水：为什么要学“比”呀？长与宽相除为什么可以叫作长比宽呢？比的知识离学生太远了。

怎样让学生体会“比”就在我们的生活中，更好地接受“比”的概念呢？前几天我们班不是组织过一次包饺子比赛吗？各个小组包饺子的材料都是自己买的，这不就是教学“比”的活教材吗？我欣喜若狂。

一谈起前几天的包饺子比赛，大家都兴致盎然。

“包饺子要考虑什么问题？”

“先买好饺子皮与饺子馅。”

“我买了1千克的饺子皮，又买了100千克的饺子馅来包饺子，你看怎么样？”

“饺子馅太多了，怎么包啊！”同学们笑起来。

“那买100千克饺子皮和1千克饺子馅？”

“那也不行，饺子皮太浪费了！”

“饺子皮与饺子馅要按一定的比例买。”学生对“比例”这个词并不陌生。

“你们回想一下，购买原材料时，饺子皮与饺子馅是按什么比例搭配的？”“比”都还没学，“比例”这个词倒先用上了。

“我们组买了1千克饺子馅和3千克饺子皮。”我在黑板上写上“1比3”。

很快，黑板上写了很多“比”的式子。我以“1比3”作为讨论的对象。

“按你的想法，如果买2千克饺子馅，饺子皮要买多少呢？买3千克饺子馅呢？买4千克饺子馅呢？……”我不断追问。

学生一一作了回答。

“噢！不管怎样，饺子皮总是饺子馅的3倍，饺子馅是饺子皮的$\frac{1}{3}$。”一个学生站起来说。

“你是怎样算的？”

我及时将两个算式板书在黑板上。

“看来，饺子里也有数学知识，产生了新的数学朋友比，3除以1可以写成3比1，1除以3可以写成1比3。两个数相除也叫作这两个数的比。”

……

心理学家奥苏伯尔说：“当学生把教学内容与自己的认知结构有机联系起来时，通过新信息与学生认知结构中已有知识相互作用，发生了新旧知识意义的同化，有意义的学习便发生了。”前面“比的意义”为什么会教得别扭呢？就是因为没有把抽象的内容与学生熟悉的内容（已有的知识与经验）联系起来，新旧知识无法和谐统一，学生只能被动接受，但还是一头雾水。用学生熟悉的甚至是记忆犹新的包饺子事例展开教学活动，学生发现，数学就在我们身边，而且“比”的知识已经在包饺子活动过程中经历过了。

这样,数学知识与生活经验就得到了“意义的同化”,学生就真正理解了“什么叫比”。

“在数学教学中存在三种思维活动，即数学家的思维活动、数学教师的思维活动和学生的思维活动。”(浙江省特级教师张天孝)成功的数学教学就是要实现这三种思维活动的和谐统一。数学家的思维活动一般存在于教材之中，而数学家的思维与学生的思维水平存在着一定程度的质的差异。因此，单纯地以教材为凭借照本宣科地教学往往会远离学生的生活经验和知识经验，给学生的数学理解造成困难，使学生在被动的状态下学习。因此，教师要学会“用教材”，给教材内容进行艺术“包装”，使课堂教学的“产出”获得自然“增值”。

二

谈起“工程问题”，教过六年级的教师往往印象深刻，因为它是学生最难掌握的内容之一。我至今还能熟练地背下例题：有一段公路，甲队单独修要 10 天，乙队单独修要 15 天。两队合修需要几天完成?

这不是无中生有，故意整人吗？为什么需要两个队合修呢？现实中有这样的问题吗？如何让学生感受解题的价值呢？一连串的问题在我的脑海里萦绕。在上这节课的那段时间里，家乡正在筹备“世界客属第十六届恳亲大会”，建会场、修公路等形象工程的建设紧锣密鼓，加班加点，赶着在大会开幕之前完成，这不就是最现实、学生最熟悉的活的“工程问题”吗?

我以“世界客属恳亲大会”为背景，引入了一道“公路局长的烦恼”的数学问题:“同学们，世界客属恳亲大会即将在我市召开，全市人民欢欣鼓舞，正全力做好各项准备工作，可是，公路局长遇到大麻烦了，要修一段公路，有两个工程队有资格前来申请，甲队说 10 天可以修完，乙队说要 15 天才能修完，该给谁修呢？”

话音刚落，大家就争着说:“给甲队修，他们修得快。”

“时间快不一定能保证质量。”有人提出异议。

“两个工程队都有资格，说明两队都能保证质量，甲队快，就给甲队，没错！”同学们在争论。

“但是这项工程必须在一周之内完成,怎么办呢?”我又给出了一个条件。

同学们陷入了沉思，我用期待的目光看着他们。

终于，一个同学“刷”地站起来说:“干脆让两个队一起修。”

“对！两个队一起修。”有人附和。

“两个队一起修能按时完成吗？”

“对呀！能修完吗？这是一个最为关键的问题，也是我们今天要研究的最重要的问题。数学中叫‘工程问题’。”我把课题板书在黑板上。

“请根据所给的条件和要求的问题编成一道应用题。”

我则很快地把完整的应用题写在黑板上：要修一段公路，甲队单独修要10天，乙队单独修要15天。甲乙两队合修，一周内能修完吗？

“请大家猜一猜，两队合修需要几天才能完成？”

“大概8天完成。”

“5天吧！”

“一周能完成。”

“肯定不要10天。”

“同学们的猜测都有一定的依据，两队合修一定比单独修所花的时间少。但是一周内能否完成，靠猜测还不能得出结论，必须求出准确的答案。请大家讨论讨论，然后列式计算出需要的天数。”我引导学生进入本节课的核心环节。

……

有些学生厌学，原因很多，但有一个共同原因，就是他们普遍认为数学知识枯燥无味、难度太大，体会不到数学学习的价值。新课程强调数学学习要与学生的生活密切联系，要激发学生的兴趣和学习需要，使学生乐学、会学。我将例题改编成“公路局长的烦恼”的数学情境，情境问题不是无中生有，而是非常现实和有意义的，使原来枯燥的、抽象的数学知识变得生动形象。“必须在一周之内完成，怎么办呢”，这一问题产生了“两队合修”的现实需要；“一周内能修完吗”，这一问题使数学问题更加生活化和开放，学生用数学的眼光进行合情猜想和估算，突破了应用题教学的一般模式，激发了学生去验证“猜想和估算”的欲望。

教材只是给教师提供实施课堂教学的一个凭借、一个载体。课堂教学实施的自主权在于教师，教师有权利根据学生的实际对教材进行改编，甚至摒弃教材中不适合学生的内容，目的只有一个，就是促使学生更好地发展。

例题是教学的凭借，也是教师课堂教学研究的重要内容。在利用例题展开教学时，除了对例题的内容、形式进行改进外，还应该考虑如何充分发挥例题的作用，使例题教学的价值最大化。

案例　教学方法的“深加工”

石老师上了一节三年级“分一分”的公开课，当引出第一个分数“ ”的时候，给学生提供了大小不同的对称图形纸片，让学生折出“$\frac{1}{2}$”，引起了我的关注。

师：信封里有各种各样的图形纸片，你能折出它的$\frac{1}{2}$吗？

（学生动手操作后，教师叫一个同学演示用不同的方法折两个大小不同的长方形）

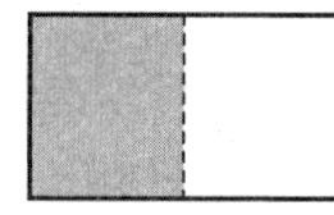
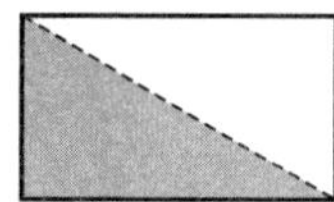
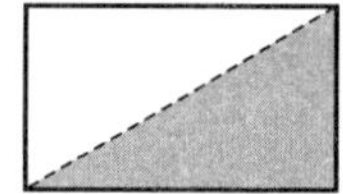

师：为什么用不同方法折，都折出了它的$\frac{1}{2}$？

生：虽然折法不同，但都是把纸平均分成2份，其中的1份是$\frac{1}{2}$。

（教师又请其他同学展示各自的折法，黑板上出现了多种多样的$\frac{1}{2}$）

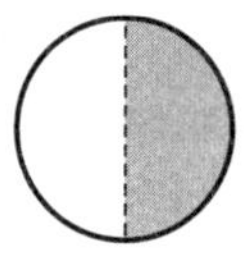
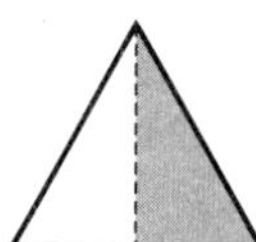
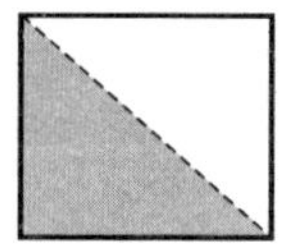
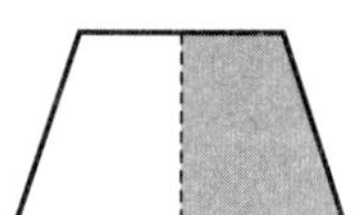

师：为什么图形不同，大小不同，都折出了$\frac{1}{2}$？

生：不管图形是大还是小，只要把它分成两半，其中的一半就是它的$\frac{1}{2}$。

生：图形不一样，但都是把它平均分成2份，其中的1份就都是$\frac{1}{2}$。

师：对了，不管是什么物体，不管形状和大小怎样，只要是平均分成2份，其中的1份就是它的$\frac{1}{2}$。

……

去年有幸参加了在香港举办的“世界课堂学习研究”研讨会，香港教育学院专家与许多学校的教师合作开展了“以变易理论为指导的课堂学习研究”，取得了很好的效果。

变易理论的核心理念是：

（1）学习必然指向某事物。

（2）学生了解某事物与其经验是有关的。

（3）认知是学习者对所学事物的一种见解，但不同的人的见解是不一样的：有些是次要的，有些是主要的；有些是正确的，有些是错误的。

（4）学习是改变或扩大对这个事物的看法，即对该事物有更全面和深入的了解。

（5）对所学事物的理解，取决于学习者聚焦于事物的那些关键特征。

（6）由于人们常会留意到变动的东西，故利用不同的变易图式（什么特征变，什么特征不变），可助学生聚焦关键特征。

仔细分析上面的教学片段，可以看出教师的设计与课堂实施是有针对性、有深意的。对同一个图形（长方形）可以用不同的方法折出$\frac{1}{2}$，目的是告诉学生：对同一个物体，用不同的方法折，意义相同；图形一样，大小不一样，但都可折出“它”的$\frac{1}{2}$，渗透了$\frac{1}{2}$的相对性。对不同的物体（图形不同，大小也不一样），要折出它们的$\frac{1}{2}$，就必须是“把它们平均分成2份，取其中的1份”。在这一环节中，数与形实现了完美的结合，从同一图形不同折法，到相同图形不同大小，再到不同图形不同大小，折出$\frac{1}{2}$的相同意义是：不管怎么变，$\frac{1}{2}$表示的意义都是“平均分成2份，取其中的1份”。分数意义的多个模型一一体现，使学生从不同的角度聚焦分数的本质特征，充分地认识了$\frac{1}{2}$。这不正是“变易理论”的完美演绎吗？

2. 让习题练得更为有效

有效的课堂练习不仅是学生减负的重要途径，更是学生快乐学习的重要前提。在设计数学练习时，要着眼于那节课的教学目标，充分解读和挖掘教材的设计意图与丰富内涵，然后在用足教材的基础上融入自己的思考，这样才能设计出融可操作性、开放性、生活性、实践性于一体的富有智慧的练习，从而服务于有效课堂，服务于学生的可持续发展。

数学学习的核心是发展思维能力，若能对教材中的经典习题进行合理的改编，就可以得到综合性强、具有开放性的命题，这样就可以帮助学生全面系统地掌握知识，培养他们思维的灵活性。

案例　让习题更加开放

人教版六年级上册百分数单元有这样一道习题：

第一声部的人数比第二声部、第三声部的人数分别多百分之几？

“合唱团共有60人，分三个声部。第一声部有35人，第二声部10人，第三声部15人。第一声部的人数比第二声部、第三声部的人数分别多百分之几？”这道题我们可以把问题隐去，让学生提一个有关百分数的问题，从而变成一道开放题，让学生自主提问题，自主解答。学生可以提“部分数”占“总数”的百分之几：第一、二、三声部人数分别占总人数的百分之几？可以提“部分数”是“部分数”的百分之几：第一声部人数分别是第二、三声部人数的百分之几？还可提一个数比另一个数多或少百分之几：第一声部人数比第二、三声部的人数分别多百分之几？第二声部人数比第一、三声部的人数分别少百分之几？最后师生共同归纳：所提问题可分为几类？思考方法、解题方法有什么异同点？

通过对一道习题的合理改编，不仅让学生对所学知识的掌握和应用更为熟练、更为系统，而且对培养学生的发散思维和创造性思维能力大有裨益。类似这样的例子很多，只要教师多动脑，合理改编信息，就可变“封闭题”

为“开放题”，让习题具有“以一当十”的功能，提升思维含量。

教材中练习的编排一定有其目标指向和编者的意图，教师应深入理解教材练习的编排意图。在此基础上，挖掘习题中隐含的思想与方法，指导学生有效地掌握和运用。只有这样，课堂教学才能演绎得更精彩。

案例　读懂习题，用好习题

北师大版五年级上册“找最大公因数”一课“练一练”安排了两道题：

练一练

1. 8的因数：________________________。
   16的因数：________________________。
   8和16的公因数：____________________。
   8和16的最大公因数是________________。
2. 5的因数：________________________。
   7的因数：________________________。
   5和7的最大公因数是__________________。

为什么安排这两道题？是不是学生解答完就完成了呢？在学生用一般的方法解答后，我是这样处理的：

师：看着8和16有没有想法？

生：两个合数的公因数比1大。

师：真好，这是你的发现。还有其他想法吗？（暂时没处理这样的生成）

生：16是8的2倍。

师：这两个数是倍数关系，有什么发现吗？

生：当两个数是倍数关系时，最大公因数是较小的那个数。

师：两个数是其他倍数关系时也有这样的规律吗？可以怎么验证？

生：可以举几个例子看看。

师：举几个例子看看，这是一个好方法。

（学生举例验证后，发现两个数成倍数关系时，最大公因数都是其中那个小的数）

师：当我们想证明某个结论是否成立时，可以通过列举多个相关的例子来证明，这种方法叫列举法，在数学中经常用到。看着5和7，有没有想法？有没有什么发现？

生：5和7是两个不同的质数，它们的最大公因数是1。

师：（故作惊讶）我不太相信这位同学的发现，怎么办？

生：可以用列举法。

师：那就试试看。

（师生共同验证，结论成立）

师：刚才有个同学告诉我，两个合数的公因数比1大，对这句话你们有什么看法？

生：再用列举法试试。

（教师板书学生举的反例：14和15，8和9）

师：看来这个结论不成立。同学们再看看这两组数，有发现吗？

生：它们是相邻的数，最大公因数都是1。

师：快用列举法验证一下这位同学的说法。

（师生共同得出：相邻的两个数最大公因数是1）

生：相邻两个数的最大公因数都是1。

师：老师还有一个问题：1和9999的最大公因数是几？1和10000呢？1和其他数呢？你能得出什么结论？

生：1和任何自然数的最大公因数都是1。

师：谁能对我们刚才的发现作个归纳小结？

看似简单的两道习题，由于课前用心解读，课堂上精心组织、巧妙运用，充分凸显了习题的价值。学生在掌握了找最大公因数的一般方法外，把列举法运用得得心应手，归纳出了四种特殊情况下找两个数最大公因数的快捷方法。在这个过程中，注重学习方法的指导与渗透，让学生充分体验到了列举法的作用，并且能够运用它。学生得到的不仅是“鱼”，还有更重要的“渔”。

2.4　为了学生更好地成长

听了一节一年级加法课，教学内容是“2+3=？”，学生纷纷举手回答教师提出的问题，教师为学生的表现而自豪，经过检测，全班同学百分之百地知道“2+3=5”，从而认为这堂课的质量高，我给这位教师的课堂评价却是“质量为0”。老师们不服，我提出了几个问题让他们思考：没有上这堂课之前，全班有多少学生知道2加3等于5？如果课前学生都知道2加3等于5，那么这堂课起到了什么作用呢？那不等于浪费时间吗？

在教五年级“购物策略”一课前，对全班学生做了前测，前测内容是教材中的例题和练习，发现全班45位学生，有40位能正确解答例题和练习，有5位虽然出现了一些错误，但往往是计算出错。这一结果让我很吃惊。以前上完课后，作业反馈的结果大概也是如此，那么，我的课堂效率就值得怀疑：课堂教学的价值何在？学生在课堂学习中有哪些发展？

如果没有前测调查，只按教师的主观判断，根据教材内容展开教学活动，课堂学习会很顺利，但课后学生掌握的程度与课前却没什么两样。

上过两次“8的乘法口诀”公开课，第一次是1998年参加福建省第三届小学数学课堂教学大赛，教师开门见山地揭示课题，引发学生提出问题：怎么编？怎么记？怎么用？通过“用多少个小方块能拼成一个较大的正方体”让学生动手探究得出8的乘法口诀，注重规律记忆。第二次是在2010年冬天，教师揭示课题后问：“你会编吗？翻开课本试一试。”学生的表现令人吃惊，全班学生都能根据教材主题图编出口诀。那次评优课用了20分钟编出的口诀，这次让学生“试一试”，只用了3分钟就解决了问题。

一位校长介绍她学校的一位教师的教学水平如何高，每次考试平均成绩都在95分以上，全校教师都佩服。我给这位校长建议：去调查一下平均成绩是怎么来的。没过几天，这位校长就给了我反馈：这个班的课后作业最多，老师管理很严厉，学生都怕她。

我慎重地问自己：我真的关注学生了吗？

学生在幼儿园的游戏活动中就已知道了2加3等于5，那么，教学的着眼点应该放在哪里呢？“购物策略”的前测、“8的乘法口诀”的尝试告诉了我们什么呢？如果把学生看成是一窍不通的人，那么你就要做100%的事情；如果你认同学生有能力学会60%的知识，那么你就可以减少60%的负担，去做40%的事情；如果你认同学生有能力学会80%的知识，那么你就只要做20%的工作；如果你认为学生能学会100%的知识，那么你什么事情都不用做。

学生进入课堂学习时，不是一张白纸，他们都是具有学习基础和学习能力的人，都有一定的生活经验和知识经验，这些生活经验、知识经验或者来自父母、长辈，或者来自同伴，或者来自阅读。这些都是教师要尊重的，要把它们当作重要的教学资源来为课堂学习服务，以提高课堂教学效率。班级中可能有一部分学生完全有能力自己学会新授知识，有一部分学生需要别人帮助才能掌握新知，还有一部分学生学习新知很困难，教师必须认同这一点。因此，教师要盘活不同学生的不同学习资源为教学服务，做到下有保底、上不封顶，让每一个学生得到不同的发展。

◆ 常问自己三个问题

备课时了解学生非常重要。了解学生，能准确地把握教学的起点；了解学生，能准确地定位教学的难点；了解学生，能提供学生喜欢的学习材料；了解学生，能科学地利用适合学生学习的教学策略。总之，只有了解学生，才能提高课堂教学效率。

我了解学生的途径有两条：一是经常与学生“混”在一起，课间与学生聊天，放学时与学生打篮球，大课间活动时与学生一起跳绳……学生是我的知心朋友，学生的喜好与困难在我面前都会流露出来，我对学生的情况也就了如指掌；二是课内尽量给学生提供展示的舞台，让他们暴露自己的想法，从而采取有针对性的策略。

课前准备时，主要思考以下三个问题：

学生已知什么？

学生会怎么想？

学生有什么困难？

学生已知什么，就从学生已知的开始；学生会怎么想，就尽量让学生的想法暴露出来；学生有哪些困难，就思考用什么方法解决这些问题。

案例　何为速度

在学生的生活经验里，路程与时间是显性的，跑了多远、用了多少时间，可以测量，对此学生理解起来不成问题；而速度是单位时间里所走的路程，对于学生来说，这是隐性知识，比较抽象，因此，对速度的理解是本课教学的重点。学生的经验是：谁跑得快就是速度快，谁跑得慢就是速度慢；同样的路程谁花的时间少，谁的速度就快；同样的时间里谁跑的路程远，谁的速度就快。如何利用学生的这一生活经验理解抽象的“速度”呢？

师：上周学校运动会上，我和吴老师展开了百米赛跑，我的成绩是13秒，吴老师的成绩是13秒05，谁跑得快？为什么？

生：顾老师跑得快。因为顾老师用的时间少，所以顾老师跑得快。

师：也就是说，路程一样，谁跑的时间少，谁就快；相反，谁花的时间多，谁就慢，是吧？

生：对！

师：吴老师不服，要求再赛一次。第二次比赛中，我俩用的时间一样，吴老师在30秒的时间跑了210米，我在30秒的时间跑了240米。谁跑得快？

生：还是顾老师跑得快。因为同样跑了30秒，顾老师跑得更远，所以顾老师跑得快。

师：时间一样，谁跑的路程长，谁就跑得快；相反，谁跑的路程短，谁就跑得慢，对吧？

生：对！

师：吴老师还是不服，要求比长跑，我只好应战。吴老师在3分钟的时间跑了930米，我跑得远一点，跑了1200米用了5分钟，我想，这次还是赢定了。

生：不一定。

生：你跑得远，但花的时间也长。

师：是啊！我俩跑的路程不一样，时间也不一样，怎么比较快慢呢？

生：先算出两人每分钟跑多少米，就好比较了。

师：也就是把不同的时间变成相同的时间，求出同样的1分钟谁跑得远，这样谁就快，行吧？（板书：1分钟跑多少米）

生：行！

师：大家用笔算算吧。

［算完后，学生说，教师板书：930÷3=310（米） 1200÷5=240（米）］

师：大家都是用路程除以时间算出每分钟跑了多少米，我们把每分钟跑了多少米，叫作“速度”，为了书写简便，也可以写作“310 米/分”、“240 米/分”。

利用真实的活动情境巧妙地将新知与学生的生活经验链接起来，让学生经历了“速度”产生的三个过程：一是路程一定，比时间，时间少，速度就快；二是时间一定，比路程，路程远，速度就快；三是时间不同，路程也不同，产生计算“同样的 1 分钟谁跑得远”的必要，学生自然将之与以前学过的“求每分钟跑多少米”的知识联系起来，不经意间，“速度”这一概念就应运而生了。

儿童能够独立达成的水准与经过教师和伙伴的帮助能够达成的水准之间的落差，叫作“最近发展区”；儿童能够独立达成的水准是现有发展区。据此可以把学生的发展区细分为三个层面：一是学生能独立完成的智力任务；二是通过学生之间的互助能完成的学习任务；三是学生独立或合作都无法完成的学习任务。

理想的课堂教学是学生能独立达成的任务让学生独立达成，通过学生之间的合作能达成的任务就让学生合作达成，学生独立或合作都无法完成的任务则由教师讲解。

当学生很想知道“为什么”和“怎么样”时，教师的讲解就能取得很好的效果。讲解（接受性学习）与探究（研究性学习）不存在好坏之分，关键是教师要把握好讲解的“火候”，善于激发学生的求知欲望，该出手时敢于出手。

案例　为什么“冷场”

李志军老师上了一堂“圆面积的计算”研讨课，课前做了精心的设计，教学的主要环节有三个：开门见山导入课题，环环相扣引导探究，知识应用拓展延伸。听课的同时，我在思考：课堂“冷场”的原因是什么？教师在课堂中应该起什么样的作用？

［课堂实录与评析］

师：昨天，我们学习了圆和圆的周长，今天一起来学习圆的面积。（板书课题后，回过身来启发学生）看到这个课题，你们想到了什么？

生：圆面积怎样算？

生：圆面积的公式是什么？

师：这节课，我们主要解决两个问题：(1) 计算圆面积的公式。(2) 这个公式是怎样推导出来的？

（教师把两个学习目标写在黑板上）

[评析：直截了当地揭示课题，提出本节课要解决的问题，目标指向非常明确。]

师：摸一摸圆面积，看一看圆的面积与周长有什么不同。

生：周长是指圆周边的长，而圆的面积是指圆的表面大小。

师：在学习圆面积前，我们还学过哪些图形的面积？

生：正方形、长方形、平行四边形等。

师：以前学过的图形与今天的圆有什么区别吗？

生：圆是曲的，以前学过的图形边是直的。

师：长方形、正方形的面积公式是怎样推导的？

（一个学生回答“面积公式”，答非所问。教师又问：这个公式是怎么来的？）

生：用摆面积单位的方法。

师：圆面积可不可以用摆面积单位的办法来量？

（教室里似乎有些冷场，教师又转换一个话题）

师：平行四边形、三角形、梯形面积是怎样推导出来的？

生：切割、转化。

（教师表示认同，随即用课件演示平行四边形、三角形、梯形转化成学过的图形的动态过程）

[评析：不容置疑，本课的重点是圆面积的推导。教师打算让学生回忆平行四边形、三角形等面积的推导过程，给学生一些推导圆面积计算公式的启发，但是由于学生的记忆恢复得较慢，教师提的问题又太“细”，因此花了14分钟，影响了下一步的探究。]

师：能否变成我们以前学过的图形？

（没有学生呼应，看来学生很难将圆与平行四边形、三角形等联系起来）

师：看看书上是怎样转化圆的，看完后按书上的方法亲自操作一下。

（学生看完书后，开始将圆等分然后拼。有些同学看明白了，操作得比较快；有些没看明白，浪费的时间就多。）

师：谁愿意上来展示拼成了一个什么图形？

（一学生上台演示，8 等分圆拼成了一个类似平行四边形）

生：如果分得更多些，就更像平行四边形。

师：哪个同学分得更多些，上来展示你的作品？

（一个同学来到讲台上，演示她拼的过程。接着，教师通过课件分别演示 4 等分拼图、8 等分拼图、16 等分拼图、32 等分拼图，同时还演示了用 16 等分拼三角形、梯形的过程，让同学们思考这些图形的底和高与圆有什么关系。）

师：圆与拼成的长方形有什么关系？

生：长方形面积等于圆的面积。

师：长和宽与圆之间分别有什么关系？讨论一下。

（由于课桌间距离太远，同学们讨论起来不太方便）

生：长方形的长等于圆周长的一半，宽等于圆的半径。

师：能不能通过长方形面积推导出圆的面积？

（师生讨论，教师用课件演示推导过程）

师：同学之间互相说一说，圆的面积为什么等于圆周率乘以半径的平方？

（教师请多个同学说推导过程，以说促思，加深他们对公式的理解。这时，下课铃响了。）

[评析：操作是为推导服务的，学生很难把圆与平行四边形等直线图形联系起来，教师也不要太过强求。正确把握接受性学习与探究性学习的“度”，是课堂教学艺术的精髓。“如何把圆转化成已学过的图形”，“已学过的图形又都是直线图形”，这样，学生的求知欲就被激发起来，此时可以让学生带着问题自学课文，与教材对话。如果教师先用课件演示图形转化过程，让学生带着有利于公式推导的问题开展操作活动，效果也许会更好，操作时间也不会浪费太多。这样，教学的重心就更加突出了。]

[案例问题与反思]

李老师上的“圆的面积”一课给我们提出了这样两个值得思考的问题：

1. 让学生经历知识的“再创造”过程，也就是从动作语言（操作）开始，到数学语言（数学描述、数学符号表征）的探究过程。由于学生与数学家之间客观存在一定的差异，在“再创造”过程中，学生必然会遇到困难，所花费的时间也多。比如，学生在把圆等分，然后拼成已学过的图形时，会遇到各种各样的问题：要平均分成几等份？怎样分？分好后又怎样拼？可以得到一个什么图形？等等。学生是无法做到一次成功的，必须经过多次尝试，不断矫正，才可能得到正确的答案。这就产生了一个矛盾：操作时间长，就可能完不成教学目标；要完成教学目标，就无法提供充分的独立探究的时间，“再创造”就会流于形式。那么，怎样解决这个矛盾呢？

2. 许多教师抱怨：我备课都是按照新课程理念备的，有些时候还参照专家的设计，课堂上讲得清清楚楚，怎么还有那么多学生没有理解？有时我也有同感。听了李老师的课后，我恍然大悟。教案是教师设计的，课堂是以教师为主导的，是以教师这一成年人的思维在运作的。然而，教师（成年人）与学生（未成年人）的思维是否一致呢？李老师说：“上这堂课很不舒服。”的确，我们听这堂课也不太“爽”。这个班的学生怎么了，这么简单的问题都回答不上来？李老师只好牵着学生走了。问题出在哪里？是学生的学力水平低，还是李老师的教学不适应这个班的学生？

弗赖登塔尔说：“学习数学唯一正确的方法，就是让学生进行再创造。”也就是由学生本人把要学的东西去发现或创造出来。进行圆面积的推导，首先要把圆转化成已学过的图形，再进行对比分析。然而，让学生独立想办法推导出圆的面积公式，却是勉为其难，它需要教师的有效引导。李老师引导学生回忆以前学过的图形面积的推导，想让学生从中受到一些启发，获得一些灵感。但有个问题必须重视：圆是曲线图形，以往的图形都是直线图形，学生很难把曲线图形与直线图形联系起来，把圆转化成直线图形（平行四边形、三角形等），除非预习在先。此外，怎样等分、怎样拼合，学生做起来也是有一定难度的。

在学生进行“再创造”的过程中，教师起着什么作用？教师的任务就是引导和帮助学生去进行这种再创造的工作，使学生少走弯路。“平行四边形、三角形等面积公式都是把它转化成已学过的图形后进行分析比较而推导出来的，能否把圆转化成平行四边形、三角形或其他图形呢？”“我们来看看课本里是怎样转化的？”“书上是把圆进行等分，再拼成平行四边形或长方形，你可以把它转化成其他图形吗？”这些导入语都能够使学生在探究过程中少走弯路，节省时间。

如果教师不理解学生，那么教师心目中的学生就只是一个抽象体，教学就建立在“抽象体”的基础之上。与教师预设中的抽象体越接近的学生，在课堂教学中就越容易适应；与之距离越远的学生，在课堂教学中适应起来就越困难。单从教学设计和课堂教学流程看，李老师的教学思维是正确的，教学能力也很强。如果换一个基础较好的班级来上课，可能就会上得很顺畅。可是，这个班的课堂却是冷场的。那么，教师的思维与学生的是否存在较大的距离？教学设计是否适合学生？学生的课堂积极性是否调动起来？由于新旧知识学习的时间间隔太大，学生无法在短时间内回忆起以前学过的知识，让学生说出“可以把圆转化成什么图形”是很困难的。这些都会影响课堂教学的效率。

因此，备课应该先备学生，从学生的角度思考问题，让教材、教师与学生互动，这样才能真正构建“以学为中心”的生命课堂。

◆ 学生的效率意识

一个家长在 QQ 上留言：“这学期各科家庭作业减少很多，有的甚至都没有，作为家长，还真有点不习惯，不知道孩子每天是否掌握了该懂的。我想这种改革对你们老师的压力会更大，辛苦了！以往我们都是通过检查他的作业而知道他的薄弱点的，现在没有作业或作业少了，都不知该如何着力了。不过，孩子现在一下课就开心地告诉我‘今天没有作业’或‘今天作业很少’，似乎解放了，无法主动把时间用在学习上。我该怎么办？”

家长的担心不无道理，孩子总是要面临中考或高考的，作业少了或没有作业，孩子的成绩会不会下降呢？

一个非常有价值的问题摆在我们面前：课外书面作业的多少与成绩的高低有多大关系？

同样一个班的同学，成绩有高有低；同样的一份作业，有些同学做得快，有些同学做得慢。我在班上做了两个实验：一是这学期允许学习成绩优秀的同学有作业的选择权，可以选择不做，也可以选择做，或者选择做别的作业。半个学期过去了，检测成绩还是这部分同学的好。二是布置了10道计算题，要求半个小时完成，做得最快的15分钟就做完了，而且做得全对；做得最慢的花了2个小时还没有做完，做得慢的主要原因是边做边讲话，边做边开小差。

我深切地感受到，孩子的学习成绩与课外书面作业的多少并没有直接关系，那么，跟什么有关联呢？

一是兴趣。为什么一部分同学不做作业，成绩不但不会下降，反而提高了？关键在于兴趣与愿望。兴趣是最好的老师，有了兴趣，就会主动地学，主动地把可以不做的作业做好。愿望就是想学好，有了想学好的愿望，一定就能学好。如果每天都做着自己不感兴趣的事，那真是一件痛苦的事情。

二是习惯。习惯成就未来，有了良好的习惯，想要成绩不上升都难。学习习惯与生活习惯是相关联的，生活习惯好，往往学习习惯就好。良好的习惯很容易转化成学习能力，学习能力强的学生往往学得又“快”又“乐”。因此，应培养学生的学习习惯。

三是效率。习惯与能力的提高决定了学生的学习效率，同样10道计算题，有些同学做得又快又对，有些同学花了2个小时还没完成，可以想见，同学之间的学习效率的差异有多大。学习效率不提高，教师布置很多作业只能让学生越学越不想学，越学越拒绝学；相反，学习效率提高了，不做或少做作业，学生的成绩照样好。

因此，给学生准备许多教辅作业，逼着学生做，实在是不明智之举，结果可能适得其反。

课前准备应该思考：怎样培养学生的效率意识和效率提高的能力？

看了下面的案例，你可能会有所收获。

案例　下课就交的作业

新接四年级一个班的数学教学任务，第一节课安排了15分钟的作业时间。在这一时间里，通过学生的作业了解他们知识掌握的情况，同时观察他们的作业效率。有些学生专心致志，有些学生交头接耳；一个叫扬的学生讲笑话引起了课堂的“化学反应”，另一个叫方杰的学生半天找不到笔……

15 分钟很快就过去了。

“作业的时间到，请同学们以最快的速度把作业交给组长。”我下了交作业的命令。

“老师，作业没做完的可以带回家去做吗？”扬说。

“老师，你没说下课要交，我以为可以带回家去做。”方杰说。

我早就摸清楚了这些学生的情况：扬上课老讲话，方杰做作业时需要家长陪做，没有家长陪着，作业也就不做了……

“不行，今天的作业就是 15 分钟，大家都公平。没做完的也交，但是后面就要补作业了。”我的态度很强硬。

作业收上来后，统计全班 37 个学生，按时完成任务的只有 16 个，没有完成任务的往往是因为边做边讲话，甚至开玩笑。有两位学生的作业一个字都没写，这两位学生在家里需要家长陪做，依赖心理很强。

学生的学习效率低下，教师的效率目标就无法实现。

改完的作业显示没有完成的作业大都不合格，我也毫不客气地在后面写上“不合格”，要求补做，以表达对“低效率”的不满。

第二天数学课上，作业讲评开始了。

“你对自己的作业满意吗？满意的请举手。”我说。

大部分同学摇摇头，举手的学生寥寥无几，只是几个完成作业并达到优秀的学生。

“为什么对作业不满意呢？”

“没做完。”“不合格。”学生自言自语。

“没完成作业的同学请举手，想想昨天是怎样做作业的，你就知道为什么没完成作业了。”我进一步启发。

“我们都以为没做完可以带回家去做，没想到下课就要交。”很多学生都认为后面还有时间做作业。

“再想想：那些在规定时间内完成作业的同学是怎么做的？”

“他们很专心，没讲话。”

“对了！完成作业和没完成作业的同学最大的区别是时间观念不一样，完成作业的同学时间观念强，不受别人干扰，能做到一心一意。而有些同学的作业本来完全可以获得好成绩，但他们一边讲话一边做，就慢，也容易出错。”

我在黑板上板书：做一个讲效率的人。

“你们想想：要在规定的时间里完成作业，怎么办？”我进一步引导。

“不能浪费时间。”

“不能讲话，要专心地做。”

“不能拖拖拉拉，要抓紧时间。”同学们抢着说。

“有些同学做作业遇到的困难比较多，自然就慢了，怎么办？”

“上课要专心，做一个有效率的人。”

“对了！上课有效率，作业就会快些，就能按时完成，课堂上按时完成了，课外就不用补了。”我作了总结。

这节课的10分钟作业时间里，教室里鸦雀无声。

提高教学的效率，是我们常挂在嘴边的一句口号。在双主体课堂教学活动中，教师教的效率与学生学的效率相辅相成、缺一不可。没有一个教师不想提高效率，可是教学效果总是不如人意。除了教师本身的原因外，有一个非常重要又往往被忽略的因素是学生的学习效率低。只有学生有强烈的效率意识与方法，教学的效率才有可能提高。

课前准备时，非常有必要考虑用什么策略提高学生的学习效率，把学习效率意识的培养作为课堂教学的目标之一，长期坚持下去，必能取得良好的效果。

◆ 尊重学生，就是解放自己

一节精彩的数学课，离不开课前科学、合理的预设。然而，学生的知识背景、认知水平、思维特点、个性特征的差异是客观存在的，教师难以预设到每个学生的个体信息。因此，动态的课堂上也就难免出现一些“意外”，教师是积极面对，还是“一走了之”呢？

案例　学生就是最好的教学资源

一

陈老师是一位勤学好问的年轻教师，我鼓励她多上研讨课，通过“磨课”来提高自己的业务水平。她主动承担了一节公开课，执教的课题是“平行四边形的面积”。为了更加深入地了解学生、找准教学的起点，她对部分学生进行了课前访谈，发现学生普遍认为平行四边形的面积就是两条邻边相乘的积。基于这一认识，备课时作了以下几点预设：（1）以学生的原始经验为教学起点，准备一个可以拉动的平行四边形木框架，通过拉动平行四边形，让学生观察发现平行四边形两条邻边没变，但面积变了，产生进一步探究的需要。（2）渗透“迁移”的思想与方法，引导学生将平行四边形变成已学过的长方形或正方形加以对比分析推导。（3）运用平行四边形面积计算方法解决实际问题，体验学习的价值。

我们带着期待的心情走进了陈老师的课堂，果然和我们预设的一样，大多数学生认为平行四边形面积等于两条邻边长的乘积。陈老师正要出示平行四边形框架进行演示的时候，一位同学把手举得很高。无奈，陈老师只好让他发表自己的意见。这位同学站起来得意地说：“平行四边形面积等于底乘高。”陈老师对此没有任何反应，她让这位同学坐下，接着按课前预设的方案进行下面的教学。这位学生像做错了事似的坐了下来。

下课后，我特地访问了这位学生，原来他在课前看了书本内容。评课时，我和陈老师进行了交流，陈老师说：“没想到这个同学过早暴露了正确答案，如果让他继续说下去，这节课还怎么上啊？”

二

严老师在上“乘法的一些简便算法”一课时，前十分钟课堂教学按照教师的预想进行得很顺利，可是当教师引导学生讨论 25×16 的简便算法时，教师只考虑到了把 16 写成 4×4 或 2×8，计算比较简便（教材的意图也是把一个数和两位数相乘改成连续和两个一位数相乘，使计算比较简便），可没想到一个同学站起来说：“也可以把 16 写成（10+6），再和 25 乘，这样计算比较简便。”这个“半路杀出来的程咬金”使严老师难以应付，从而打乱了整个教学秩序，使严老师在下半节课没了状态。

下课后，严老师苦笑着说：“把 16 写成（10+6）再乘 25，乘法的分配律还没学呢！我不知道怎么应对，后面自己也不知道怎么上的课。”我也约见了那位“半路杀出来的程咬金”，他说：“16 可以写成 4 乘 4 和 2 乘 8，当然也可以写成 10 加 6 了，但我不知道接下来该怎么算。”

三

邓老师上练习课，其中有一道练习题引起了我的注意，题目是：某工厂加工一批服装，原来每天加工 45 件，需要 4 天完工，现在要想提前 1 天完工，平均每天要比原来多加工多少件？

同学们经过讨论，认为必须先求实际平均每天加工多少件。而要求实际每天加工的件数，又必须先求出工作总量和工作时间。邓老师将同学们的解题思路板书在黑板上。

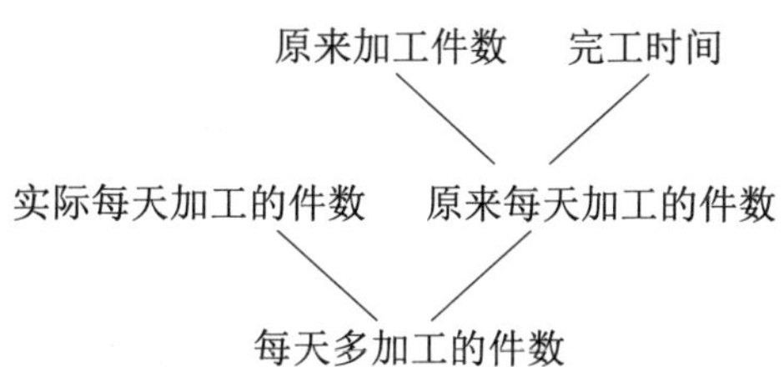

列式为：45×4÷（4−1）−45=15（件）。老师问：“还有什么问题？”同学们都没有回应。当邓老师正准备进入下一环节时，一个同学举手打岔：“老师，我还有一种更好的办法，45÷3=15（件）。”邓老师想了想说：“虽然得数也是 15 件，但没道理呀！”这个同学正想辩解，可邓老师已经出示另一道题了，他只好坐了下去。

下课后，我找到这位“打岔”的同学，这位同学好不容易让我明白了他的想法：原来 4 天完工的服装，现在 3 天完工，那么提前 1 天的任务平均分到 3 天当中，每天要多加工 45÷3=15（件）。多好的想法啊！邓老师失去了一个课堂生成的好机会。

［我的思考］

三位教师的课都出现了意外，三个制造“麻烦”的学生都受到了教师的冷遇。“平行四边形的面积”一课因为学生提前预习了课文内容，暴露了正确答案，打乱了教师的预设进程；“乘法的一些简便算法”一课中出现了一种出乎教师意料的方法而让教师不知所措；练习课中学生的超常规思维让教师措手不及，被宣判了“死刑”。这三个学生的表现都值得提倡。提前自学，可以培养自学能力，这不是新课程所提倡的吗？ 16 既可以写成 2×8 和 4×4，也可以写成（10+6）。“45÷3”的解法既简单又独特。如果教师能关注这些可贵的课堂资源，使之为课堂教学所用，适时调整教学策略，促进课堂教学的有效生成，那么课堂将呈现出截然不同的状态。

那么，我们应该如何应对课堂教学中出现的“意外”呢？方法很简单，就是“顺水推舟”。

“平行四边形的面积”一课，许多学生认为平行四边形面积是两条邻边的乘积，而有一个学生则认为是“底乘高”，这时就出现了两种不同的意见，双方证明各自观点的正确性就成了课堂的新的生长点，教师可利用课前准备好的学具让学生进行辩论，激发学生的思维活力。在拉动平行四边形学具中发现面积与高有关系，引导学生通过剪一剪、拼一拼、比一比，证明平行四边形的面积应该等于底乘高。这样使大部分同学逐步改变原有的想法，既实现了自主建构，又让这个提前自学的学生很体面地坐下去。

“乘法的一些简便算法”一课，当学生提出把“25×16”写成“25×(10+6)”时，教师应该表示认同，可以让学生继续往下算，因为没有学过乘法分配律，学生可能到此就“卡壳”了。教师要告诉学生，像这样的简便运算，四年级时会进一步研究。这样就很好地处理了“危机”。

练习课上，当学生有了简单算法时，教师即使觉得“没有道理”，也不能轻易下结论，要给学生说明自己想法的机会。学生解释时，教师要用心倾听，准确判断学生的思路正确与否，然后相机引导。这样，这个学生将会获得一次难得的成功体验。

解决好课前预设与课堂生成之间的矛盾，需要教师提高驾驭课堂的能力。教师要关注每一个学生，善于捕捉课堂的即时信息，并进行检索和判断，摄取有价值的教学资源加以利用，并使其不断丰富与完善，及时调整教学策略，使课前预设目标在动态的课堂活动中得到有效的生成，构建富有智慧和生命活力的课堂。这是我们要为之努力的。

学生是课堂学习的主人，是教师服务的对象。学生的每一个想法，无论是对还是错，都应该是教学的宝贵资源，都应该受到尊重。尊重学生，就是给学生发表不同想法的机会，就是给学生提供展示才能的舞台。有时，教师的想法让学生认同和吸收不太容易，学生的想法却容易得到同伴的认同和理解。

案例　意外的收获

一

有这样一道数学题：一段路，甲车5小时行完，乙车4小时行完，那么，乙车的速度比甲车快（　）%。

不知道路程，怎么求速度呢？学生为难了！

教师往往这样提醒学生：把这段路程当作“1”，那么甲车每小时行这段路的$\frac{1}{5}$，乙车每小时行这段路的$\frac{1}{4}$，速度知道了，问题就解决了。

为什么把路程当作“1”？对此，学生很难接受。

一个叫锦贵的同学说：“老师，我不是这样想的，假设路程是20千米，甲车的速度是4千米/时，乙车的速度是5千米/时，更好算！”

咦！把路程设为“20千米”，问题的答案是一样的！

是啊！为什么一定要把路程当作“1”呢？这不是强加给学生的吗？受到锦贵的启发，我决定与同学们刨根问底。

“可不可以把路程当作其他的数呢？试一试，你会发现什么？”

有些学生把路程看作10千米，有些学生把路程看作5千米，甚至有些学生把路程看作100千米，结果都一样。

无论你把路程当作多少，问题的答案都是一样的。“1”在数学世界里是最为简单的，任何一个数都可以当作一个整体，也就是以前所说的“单位1”。

二

参加福建省龙岩市特级教师送教下乡活动，为上杭官庄中心小学六年级上了一节公开课，课题是“比的意义”。最后一个环节，我出示了这样一道思考题：最近，消费者协会在“3·15”活动中对我市A、B两类圆珠笔进行了抽样检查，检查结果如下表所示：

	不合格数
A	5
B	2

“我想买圆珠笔，大家帮我出出主意，应该买哪类圆珠笔比较好？为什

么？”我提出了问题。

大家异口同声地说：“B 类。”“买 B 类比较好，因为 B 类圆珠笔不合格数比 A 类少。”一个女同学站起来解释道。

我对上表作了补充（见下表）。

	不合格数	抽查数量
A	5	150
B	2	50

“这个时候，你会改变原来的想法吗，为什么？”我又问道。

学生讨论后，我请一个同学发言。

“A 类 30 支圆珠笔才有 1 支是不合格的，而 B 类 25 支就有 1 支是不合格的，所以我选 A 类。”

大部分同学都举手表示同意，坐在后排的一个男同学没有举手，我请他发表意见。

“B 类圆珠笔前面 50 支刚好有 2 支不合格产品，也许抽查下去，就没有不合格产品了，所以我还是选择 B 类。”这位同学理直气壮地说。

谁说农村的孩子很呆板？这不，来了一个麻烦制造者，我心想。是啊！生活中的确存在这种情况，我们不能否定这一点。

“有没有这种可能？”我边提问边想对策。在一时无法应对的情况下，让同学们讨论，想好对策后我再出手。

“也有这个可能。”

“不一定，也许 B 类圆珠笔继续查下去，会发现更多不合格产品，那就更不能去买了”。

“怎么办呢？”

“把 A、B 两类产品全部检查一遍，看谁的不合格率高。”一个学生建议说。

“怎样求不合格率？”我搭上了话。

“用不合格产品数除以全部产品数。”

“也就是不合格产品数 : 全部产品数的比值谁高，谁的不合格率就高。对吧？”终于又回到数学的本质上来了。

“对，对！”

“也就是说，抽样的数量越多，比值就越接近准确数，但现实的情况是我们做不到对每个产品逐一检查，怎么办？”我继续追问。

“多抽样检查几次，就更准确了。”

“对！抽样的数量或次数越多，数据反映的情况就越真实。如果单从这张抽样统计表来计算和分析，B类产品的不合格率高。至于再抽样的结果，我们只能猜测。”

下课后，我还在回想刚才与同学们讨论的过程，因为这一过程是“意料之外”的过程，这位男同学将“实际问题”和“数学问题”混在一起，这是小学生比较典型的思维特点。因此，他认为：统计表中的数据是抽样了部分产品而得出的，并不能代表全部！如果这个问题不深挖下去，数学就体现不了它的价值，教学目的就无法达到。很庆幸自己能重视学生的不同看法，与学生讨论时不知不觉地将实际问题（选哪种产品好）转化成数学问题（哪种产品的不合格率高），然后再运用数学方法寻求答案（求比值），再将答案应用到实际问题中，不经意间让学生经历了“数学化”的过程；得出“抽样的数量或次数越多，数据反映的情况就越真实”的结论，这本身也蕴涵着数学本质的思想与方法。

当课堂生成与课前预设产生矛盾时，如何正确处理？就需要教师适当调整教学过程，使课堂的“意外”得到有效的生成。

学生的想法不是无中生有，而是原汁原味、有道理的；即使是错误的，也是教学的宝贵资源。优秀教师善于利用学生的想法甚至是错误的想法为教学服务。

案例　错误成就精彩

练习课上，我提供了这样一道题：

学校为了美化校园，栽了许多树。其中杨树4行，每行15棵，棕树3行，每行12棵，栽的柳树的棵数是杨树的一半，栽了多少棵柳树？

教室里非常安静，同学们认真地在练习本上解答。我走下讲台，去寻找“上当”的学生，终于发现一个男同学掉进了我设下的“陷阱”，我如获至宝，让他将解答过程写在黑板上：

12×3=36（棵）　36÷2=18（棵）

“你们有什么问题，可以向他提问。”我喜欢用提问的方式促进大家思考。

一个女同学站了起来，对话开始了。

“12×3=36，是什么意思？”

“是求棕树的棵数。”男同学得意地说。

“柳树的棵数跟什么树关系密切？”

男同学看了看黑板说：“柳树与杨树关系密切。”

“要求柳树的棵数，必须先算出哪种树的棵数？”女同学大声地说。

“必须先求出杨树的棵数。”男同学伸了伸舌头，红着脸小声地说了句“看错了”，然后低着头回到座位上。

“解答问题一定要认真审题，不能马虎！”我自以为抓住了对学生进行教育的一个好时机。

［我的思考］

学生的错误是课堂教学中的资源，教师要善于捕捉。学生找不准数量之间的关系是出错的主要原因。教师捕捉到这一错误资源，没有直接纠错——“为什么错了？错在哪里？”，而是通过学生的“一问一答”促进教学的生成，达到认知的内化。我相信全体学生都受到了一次很好的教育，特别是提问的女同学，在老师与同学们赞许的目光中，她感到很自豪。但对于出现错误的这位男同学，我总觉得不太公正，虽然老师没有批评他，可他却成了课堂上引人注目的一个失败者，原以为能表现自己，最后却“低着头回到座位上”。

这位男同学有了这一“错误”的经历，实现了认知上的飞跃，然而，在情感层面，他体验到的却是出现错误的失落感。如果没有这一“错误”，就没有课堂上“一问一答”的“精彩”。因此可以说，这个男生为课堂的“精彩”作出了自己的贡献。作为未成年的学生，他们也许没有这一深层次的认识；但是作为老师，我们是否要想办法让这位男生“微笑着回到座位上”呢？

2.5　有准备地学

学生做好学习的准备了吗？

学前准备一般被理解为书本、练习本、笔等学具准备好了没有。养成了课前学具准备的习惯，对学生的课堂学习很有好处。

然而，学生的学前心理准备、知识准备对课堂的学习将产生更为重要的作用。

◆ 搭好台阶

在数学教学中，经常会遇到一些难以理解和掌握的知识与方法，有必要做一些前期准备工作，给学生搭好台阶，帮助学生排除自身无法逾越的障碍，提高教与学的效率。

案例 中间问题?

教学应用题的一般步骤是读题（理解题意）、画线段图（分析数量关系）、列式并计算、验算作答。解答两步应用题的关键是先求“中间问题”，这对于学习困难的学生来说难以理解。我历来喜欢打破常规教学模式，利用生活中学生喜闻乐见的事例让他们感悟数学“哲理”，使数学知识变难为易，通俗易懂。

人教版三年级上册（老教材）的两步应用题，是学生初次接触两步计算的问题，学生从一步到两步计算是一个跨越。教学例题是：黄花10朵，紫花15朵，红花的朵数比黄花和紫花的总数多3朵。红花有多少朵?

这道题的解题思路是：要求红花的朵数，必须先求出黄花与紫花的总数。为什么要先求黄花与紫花的总数？对此，学生是较难理解的。必须让学生明白其中的道理，这是课堂教学成功的关键。我把前段时间发生的一个事例引入课堂，为学生学习作好充分的准备，从而让他们很快地理解“中间问题”。

“赵明放学后没有回家，爸爸妈妈等到天黑，可着急了，打电话给老师，猜猜看，老师是用什么办法找到他的?”我以聊天的方式展开教学。

许多同学的猜想都被否定了，硕帆举手说：“先找与赵明关系最好的同学或亲戚，最有可能找到赵明。”

“对！老师先找张强，因为张强与赵明的关系最好，赵明最有可能与张强在一起。”我适时板书：

我——张强——赵明

“解答数学问题就像刚才找赵明一样，找到了与赵明关系最密切的张强，就最有可能找到赵明。下面有一道最简单的问题，请大家列式解答。”我在黑板上提出了问题。

黄花有10朵。红花有多少朵？

由于教室后面有老师听课，学生在本子上装模作样地写着，有一个胆大的同学大声说：“老师，这道题不能做！”

“为什么？”

“以前老师说过，应用题至少要有两个条件，这里只有一个条件。再说，红花与黄花没什么关系呀！”这“家伙”还一套一套的。

“那老师再补上一个条件。”我又写上一句，题目变为：黄花有10朵，紫花有15朵。红花有多少朵？

有两个条件了，应该可以算了。有几个同学毫不犹豫地写上：10+15=25（朵）。又有几个胆大的同学大声说：“老师，还是不能算！”

“为啥不能算？这不给你两个条件了吗？”

“虽然有两个条件，但红花与黄花和紫花都没关系，叫我们怎么算啊？”

“好，再给一个条件。”我补上了第三个条件，题目变为：黄花有10朵，紫花有15朵，白花有8朵。红花有多少朵？

这次学生不再上当了，齐声喊道：“还是不能算。”

哲辉站起来发言：“不管告诉我们多少种花的数量，红花的数量与它们没关系，这道题就无法解。”

看来条件多并不一定能获得解。我把“白花有8朵”这一句擦去，请同学们补上一句，给它们建立一种关系。

小组讨论后，我将同学们补充的条件加以整合，并有选择地写在黑板上。

红花的朵数比黄花和紫花的总数多3朵。

红花的朵数比黄花和紫花的总数少3朵。

红花的朵数是黄花和紫花总数的3倍。

没想到，同学们很快写出了算式并计算，我发现全班数学学习最落后的觅都做对了。看来，前面所花的教学时间是值得的。

“为什么要先求黄花和紫花的总数？”我提出了本课的核心问题。

“红花与黄花和紫花的总数关系最密切，所以先求黄花和紫花的总数。”紫琳风趣地说。

“是啊！解决问题其实就是‘找关系’，关系找着了，问题就解决了。”

……

下课时，我感到一身轻松。自然、清新、惬意的课堂至今让我回味无穷。

[我的思考]

画线段图分析数量关系，就是把题目“简化”，变得形象直观。以往我们都是这样进行应用题教学的，但冷静下来思考：对于刚进入三年级的学生来说这样教学是否合适呢？简化是要在理解题目的基础上才能实现的。我们让学生画线段图时，学生往往会画错，许多时候只有靠教师示范，而对于教师的示范，学生是否真正理解了呢？许多教师（包括我）时常抱怨说，讲得很清楚了，学生怎么还不会呢？甚至怀疑学生的智力有问题。事实上，画线段图的方法是教师（成年人）的一种自动化的思维方式，儿童则有自己的思维方式。

本课一改传统教学方式，从我亲身经历、学生熟悉的“找关系”事例（生活问题）切入，为下一环节的“悟”作好了准备。教学不是简单地直接呈现题目，而是通过问题发现“没关系”“不能解”，给学生提供自省自悟、自主建构的时间与空间。从解应用题至少需要两个条件，到条件多并不一定能解，再到必须建立数量之间的关系，从补充一步计算的条件到补充两步计算的条件，通过教师的引导整合，学生共同编出了几道“有关系”的两步计算问题，经历了应用题的“动态的生成过程”。经历了这样充分的“过程”，学生对问题的本质特征有了深刻的认识，解答问题就水到渠成了。

给学生搭好台阶，使难以理解的问题变得简单，使学生学得轻松有趣。那么，学习困难的学生，又要作哪些准备呢？

◆ 补足基础

班级里一般都有一些学习比较困难的学生，他们往往游离于课堂学习之外，进不了数学学习的大门，除了非智力因素之外，一个重要的原因是他们不具备学得会的基础。余文森教授说过这样一句话：“学生在课堂上能掌握新知，必须具备 70% 的基础，也就是说，前面有关联的知识能考 70 分。”我觉得很有道理。

教师要想帮助学生掌握新知，其中一个必不可少的途径是补基础。普遍的做法是上完课后，通过练习与作业发现学困生没有掌握新学的知识，利用课余时间单独给他们补课。在单独的情境下，学生的注意力可能比较集中，他能基本理解与掌握前面一节课所学的知识，但教师却无法也没有时间帮助他补每一节课所遗漏的知识，而他正是在一次一次课后补课中失去了学习的自信心。

把课后补课变为课前补课是一种不错的选择。课前补课是补前面所学的与新知相关联的内容，使学生在课堂学习中对新知有亲切感，有学会的可能，再加上教师课堂上的关注与培养，学生的学习自信心会慢慢地建立起来，他们会发现：原来，数学就是这么简单！

案例　怎么改变课堂上的“顽固分子”

［问题］

> 轻松愉悦的氛围更利于孩子的学习。在课堂教学中，我尽量多给孩子笑容，为他们创造较为宽松的学习环境。可是，令我烦恼的是，班里有位“顽固分子”，他并不笨，只是基础太差，不管老师怎么讲课，他都不感兴趣。一旦老师有一些“题外话”，他就会特别兴奋，常对课堂形成干扰。我经常用目光暗示他，但他总是不以为然，弄得我的情绪很糟糕。在课堂教学中，怎么更好地去关注这些特殊的个体呢？（江苏省灌南县新安镇中心小学 朱荣荣老师）

［我的思考和对策］

班里有位“顽固分子”经常制造麻烦，成为朱老师的一块“心病”。其实，大可不必烦恼，因为每个老师都会遇到这样的事，每个班级都会有些“不听话”的学生。正是因为有了这样那样的学生，才需要教师的专业与智慧，教师的工作才有挑战性和价值。如果教师把这个“顽固分子”当作一个研究对象，怀着好奇、积极、研究的心态，变情绪“糟糕”为兴奋，变急躁为平静，变烦恼为快乐，变问题为课题，进而提高自己的教育水平，岂不是一劳永逸的事！

对付“顽固分子”，首先应该弄清楚“是什么”和“为什么”，然后才能知道“怎么办”。

这个“顽固分子”是什么？“他并不笨，只是基础太差，不管老师怎么讲课，他都不感兴趣。一旦老师有一些‘题外话’，他就会特别兴奋。”这说明他不是一个“坏孩子”，而是一个“基础不好”的好孩子，至少他对一些“题外话”有兴趣，想表现，这样就有教育转化的可能。

为什么这个“顽固分子”老找茬，对课堂形成干扰？原因再简单不过了，这孩子学习基础不好，课堂上的学习内容对他来说遥不可及，就像大家正要登上第十层楼，而他还在第三层，怎么可能一步就到第十层呢？为了不成为课堂的“局外人”，为了引起老师的注意，体现自身的价值，他只好另辟蹊径，对“题外话”感兴趣。

找到了问题的症结与根源，就可以制定应对的策略。

一、强化基础，提高“学得会”的可能性。

“不管老师怎么讲课，他都不感兴趣”的原因是“基础太差”，学不会。因此，补基础是老师绕不过去而必须面对的。这孩子学不会，闲着没事做，就找茬、捣乱，想办法在其他地方找乐趣。一般可以断定这孩子没有智力问题，可以通过补课来提高他的学习能力。

在这种情况下，要将传统的“后补”变为“前补”。传统的补课是在上完课后，通过作业发现学生没有掌握课堂上学习的内容，用课后时间给学生补课，这对于这个“顽固分子”来说一点儿都不管用，因为他学不会的原因是基础差。没有解决基础差的问题，将课堂上所学内容再讲一遍显得很不明智，只会给你带来更多的烦恼。前补就是课前补与课堂内容相关的以前学过的知识，让他接触新知识时有似曾相识之感，只有想办法促使他走上第八、九层楼，他才会比较容易踏上第十层，才会有“学得会”的可能性。

二、预留空间，增强“我能学”的自信心。

“一旦老师有一些‘题外话’，他就会特别兴奋，常对课堂形成干扰。”这说明他很想表现自己，体现他个人存在的价值。教师要满足他的这种“虚荣心”，但要想办法使他在知识学习中表现自己，而不是通过“题外话”表现自己。在备课时，要关注这类孩子，设置一些较为基础的问题或练习，让他们有机会回答，或者让他们走上讲台，在老师和同学的帮助下比较顺利地完成，从而体会成功的快乐，增强学习自信心。每天如此，他们就会感到老师很重视他们，就会努力上好每一堂课。可能他们的表现不够优秀，但是无关紧要，努力了，表现了，经历了，就是一种进步。

三、转变方式，激发“我要学”的积极性。

学生对所学内容不感兴趣，原因有二：一是他的学习基础薄弱，所学知识对他来说触不可及；二是教师创设的情境不够有趣，或者教师的讲解不能吸引他。那么，就要改变教学方式，甚至改变教学结构，对所学内容更好地进行包装，让它更加贴近学生的生活，贴近学生的实际，通过故事、动画、游戏、操作、比赛等活动激发学生对所学内容的兴趣，慢慢地让他喜欢上你的课，喜欢上你所任教的学科。

当然，要让学生喜欢上你的课，也许比较简单，但让他从喜欢上你的课转变为喜欢上你所任教的学科，可就不容易了。因此，要从形式上的外在的兴趣开始，进而从学科知识本身去挖掘内在的、本质的东西，这样才能激发学生持久的兴趣，才能实现学习的可持续发展。

四、制定规则，防范“我扰学”的坏习惯。

坏习惯一旦养成，要改可不容易，必须双管齐下。除了想办法转移学生的注意力，让他从对“题外话”感兴趣转变为对学科知识感兴趣之外，还应针对他制定课堂规则，强化课堂秩序，并认真落实，保证课堂教学的有效性。

人的习惯养成，至少要坚持六周的时间，而坏习惯转变为好习惯，则需要更长的时间。儿童心理变化快，注意力容易分散，耐力较差，需要外力支持。因此，教师要与家长沟通，形成联盟打“持久战”，既要鼓励与表扬，又要批评与适当地处罚，两手都要“硬”，在相持阶段需要有耐力，否则就会前功尽弃。

教育需要艺术，前提是读懂学生；教育需要科学，前提是遵循教育规律；教育需要奉献，前提是拥有良好的心态。遇到“顽固分子”，要以研究的心态、专业的精神和科学的方法应对，这样，再顽固的孩子都将软化。当我们看到孩子悄然发生变化的时候，就会真正体会到作为教育者的自豪感和幸福感。

◆ 问题解决

这节课学什么？要掌握什么方法？遇到了什么问题？我有没有能力学会？如果学生对这些问题做到心中有数，学习的目的性与针对性就加强了，学习的效率也就提高了。

观察我们的课堂可以发现，学生不一定知道这节课学习的内容是什么，他心中没有问题，也不知道自己到底掌握了没有，只是跟着老师的感觉走，老师指到哪儿就走到哪儿，做练习时才明白今天的知识没有掌握，但已经来不及了。

要让学生带着问题学习，就要引导学生找问题。怎样找问题？办法有三：

一是先学先做，产生问题。这里所说的先学先做，不是在课前完成，而是在课中完成，在课前完成可能会增加学生的学习负担。可以将一个内容的例题教学与练习两个课时合并重组，第一课时先学先做，教师的任务是指导学生怎么学，并观察学生在先学先练中存在的问题，以便制定下一课时的教学方案；第二课时是讨论解决学生在自学和自练中存在的问题，并检测学生对这一学习内容知识掌握的情况，学生先提出上一课时自学自练中出现的问题，教师对学生出现的问题进行整理，引导学生合作讨论，解决这些问题。同样的两个课时的重组，学生学得充分，教师教得到位，学生用了大部分时间自主学习，教师的教是在学生学的基础上进行的，目标明确，针对性强。

二是尝试解题，产生问题。教师呈现例题后，先给学生大胆尝试的机会，学生在尝试解题中遇到困难，产生问题；不同学生不同解题方法、不同结论的碰撞，产生问题。教师的任务是收集不同学生的不同方法，作为下一步教学的重点内容，引导学生展开讨论，讨论交流的过程是学生不断反思、矫正、确立的过程。只有经历过程教学，才能实现真正的知识内化。

三是内容呈现，提出问题。出示学习课题，鼓励学生提出问题，教师整理、筛选学生提出的有价值的问题展开教学活动。

如在教学“体积与容积”一课时，开门见山地出示课题，问学生：“你们想知道什么？”学生提出的问题有：什么叫体积与容积？体积与容积有什么不同？体积与容积怎样计算？教师可以围绕这些问题展开教学。又如教学“小数除法”时，直接出示课题，学生提出问题：小数除法的计算方法是什么？小数除法与整数除法有什么相同的地方和不同的地方？小数除法计算时要注意什么？

当然，这些问题可由教师提出，但这是教师给的，而不是学生想的。问题的提出必须经过学生的大脑，这样才有利于培养学生的问题意识与解决问题的能力。

新的《义务教育数学课程标准》第二部分“课程目标”从知识与技能、数学思考、问题解决、情感态度等四个方面阐述，其中，“问题解决”目标指出：初步学会从数学的角度发现问题和提出问题。数学问题是由教师提出还是由学生提出，其价值是不一样的，只有学生的问题才是课堂上的真问题。

3. 简单教数学这么来达成

教得简单，学得轻松，是我所追求的小学数学课堂。下面的十个课堂实例，看似朴实，却很扎实；看似无味，却有滋味；看似简单，却不简单。让我们一起从真实的课堂中追寻简单教数学的真谛吧。

3.1　画数学，真简单

2010 年 6 月，中美教育高级论坛在北京森根国际大酒店举办，美国加利福尼亚州立大学安淑华博士和几位美国教师参加了此次论坛，其中一位女教师现场展示了一节初中数学课“勾股定律”，通过“摆豆子”游戏活动来证明直角三角形的三边关系。

“初中学生还在摆豆子？”我很好奇。安博士的回答大大出乎我的意料：“美国大学的数学教育是十分重视直观操作的，离开了形象思维，抽象思维就像断了线的风筝。”

是啊！警察破案，单凭受害人对罪犯的体貌特征的描述是很难找到犯罪嫌疑人的，往往要根据受害人的描述画出犯罪嫌疑人的头像，让受害人辨认，再修改，直到画得像为止，从而顺利地找到犯罪嫌疑人。我们成年人在解一道题时，也常常需要把文字画成图形，方能找到解决问题的办法，何况未成年人呢！

儿童的认知分为三个阶段：动作语言（操作水平）、图形语言（表象水平）和符号语言（分析水平）。在小学低年级，我们看到的更多的是学生实际操作和利用图形，在动作和图形中认知，建立丰富的表象，以此支撑符号语言的认知。到了高年级，实际操作变得少了，而文字语言和符号语言越来越复杂，很多学生一看就“晕”，越发感到数学很枯燥，于是对数学失去了兴趣。

打开文字、符号与图形语言的通道，让那些显得刻板的文字或符号变成鲜活的图形，从直观到抽象，从抽象到直观，让形象思维与抽象思维和谐共舞，学生应该会学得轻松快乐一些。

为此，我在分数内容的教学中尝试运用“画数学”的思想与方法，取得了意想不到的效果。

一、画分数——不知不觉地感悟

分数的意义看似简单，但在解决分数问题时，学生往往会晕头转向。例如：“一根绳子，第一次截去了它的$\frac{1}{4}$，第二次截去了它的$\frac{3}{4}$米，哪次截去的绳子长？”很多学生认为第二次截去的长。学生真实想法的背后暴露出对分数意义的一知半解。

虽然一个学生能把分数的意义“把一个整体平均分成若干份，其中的一份或几份的数叫分数”背诵出来，但我们可能无法确定他是否真正理解了分数，这是多么可怕的一件事！因此，我们需要的不是定义的分数，而是行为的分数，即通过大量的“操作”活动（如分一分、画一画等活动）来理解分数的意义。

那么，怎样才能使学生真正理解分数呢？我采用“画分数”的方法演绎了分数教学的精彩一刻。

> “今天，老师给大家带来了一份礼物——饼。”我在黑板上画了一个大大的饼，引发了孩子们的一片笑声。
>
> “请你也画一个大饼，表示出它的$\frac{1}{2}$。”学生很认真地画着，并把饼平均分成了 2 份。
>
> “我把$\frac{1}{2}$块饼给这位同学，把另一块饼的$\frac{1}{2}$分给另一个同学，公平吧？”
>
> “很公平！”孩子们齐声答道。
>
> “再画一个小饼的$\frac{1}{2}$，把这块小饼的$\frac{1}{2}$分给这位同学。”

“不公平，不公平！”孩子们这才发现上当了。

“为什么？”

“大饼的$\frac{1}{2}$大于小饼的$\frac{1}{2}$。”

接着，通过画“一盒里2个饼的$\frac{1}{2}$是多少”、“一盒里饼的$\frac{1}{2}$是3个、4个，这盒饼有多少个”，学生不知不觉地感受到了“由于一盒饼的个数不同，同样分出它的$\frac{1}{2}$，数量也不同”。

“我们刚才分饼，有什么相同的地方和不同的地方？”

通过比较，师生用一条线段说明了$\frac{1}{2}$的内在含义：都是分一盒饼，用“1”表示，平均分成2份，表示其中的1份，就是它的$\frac{1}{2}$。

“这个‘1’可以表示1，2，3，4…个饼，也可以表示40个呢，为什么？”

“我们一个班是40个同学。”一个学生叫起来。

“对！40个同学都在‘1’个班里，‘1’还可以表示13亿。”

话音未落，一个同学站起来大声说：“我们一个国家有13亿人。”

“是啊！这个‘1’神通广大，表示的数量不同，它的几分之几的数量也不同。”

“一个盒子里有12个饼，请你画出它的$\frac{1}{12}$，再画出它的$\frac{1}{4}$，谁多谁少？为什么？”我进入了第二个教学环节。

“12个饼的$\frac{1}{12}$是1个，它的$\frac{1}{4}$是3个，分的份数越多，每份的数量就越少。”学生的回答很正确。

“再画出它的$\frac{2}{4}$，你又有什么发现？”

“$\frac{2}{4}$是$\frac{1}{4}$的2倍，同样平均分成4份，2份比1份的数量多。”学生的回答同样令人满意。

在这两个教学环节中，学生饶有兴致地画着大小不同的饼、个数不同的饼，通过比较发现了分数的本质：大小不同的一个饼、个数不同的一盒饼（一个整体），同样的分数表示的数量也不一样；同样数量的饼，不同的分数表示的数量也不一样。

二、画算式——简简单单地理解

数学算式是数学问题的高度概括，是经过抽象化、形式化、符号化的语言，它体现了一种简洁美。但对于小学生来说，要体会这一数学的美是相当困难的，因为符号化的语言给学生的直接感受是枯燥无味的。如果老师只拘泥于算式符号的求解，只求算法而不求算理，重结果轻过程，那么学生对计算也就是只知其然而不知其所以然了。

计算教学重视在研究“怎么算”中明白算理，培养数感。把算式变成图形，化抽象为形象，让学生在“画算式”探究方法的过程中尝到“甜头”，体会数学学习的乐趣。

有什么样的认识就有什么样的课堂，我以北师大版五年级下册“分数除法（一）”为内容试了试。

“老师带来了几道算式，相信同学们很快就会知道结果。”我连续出示了两道计算题：

$\frac{2}{3}\div 1=$　　$\frac{4}{6}\div 2=$

“$\frac{2}{3}\div 1$等于$\frac{2}{3}$，因为一个数除以1还是等于这个数。”一个学生站起来说。

“$\frac{4}{6}\div 2$等于$\frac{2}{3}$，分子4除以2得2，分母6除以2得3，因此等于$\frac{2}{3}$。”另一个学生站起来回答，显得很自信。很多同学表示赞同，但也有些同学皱着眉头。

“唉，不对呀！$\frac{4}{6}$化简就是$\frac{2}{3}$，$\frac{2}{3}$除以2怎么还等于$\frac{2}{3}$呢？不对，不对！”第三位学生提出质疑，而且得到越来越多的同学的响应。

“是啊！$\frac{2}{3}$除以2怎么还等于$\frac{2}{3}$呢？肯定不对！那到底等于多少呢？”我重复刚才学生的话，也作了相应的表态。

“应该是$\frac{1}{3}$吧！”同学们不敢肯定自己的想法。

“不能‘应该是……’，要拿出确切的证据，以理服人。把这个算式画出来试试看。”我提示道。

同学们很认真地画着，有的用一个圆，有的用一个长方形画出它的$\frac{2}{3}$，再把它的$\frac{2}{3}$平均分成2份，发现每份是$\frac{1}{3}$。

“把算式画出来，一下就明白了，只用分子2除以2，分母3不变。但如果是$\frac{2}{3}$除以3，2除以3不够商怎么办？”我得给他们制造点麻烦。

“是啊！怎么办呢？”

“还是想办法把它画出来吧！”我继续提示他们。

很快，同学们想出了不同的办法。如下图所示：

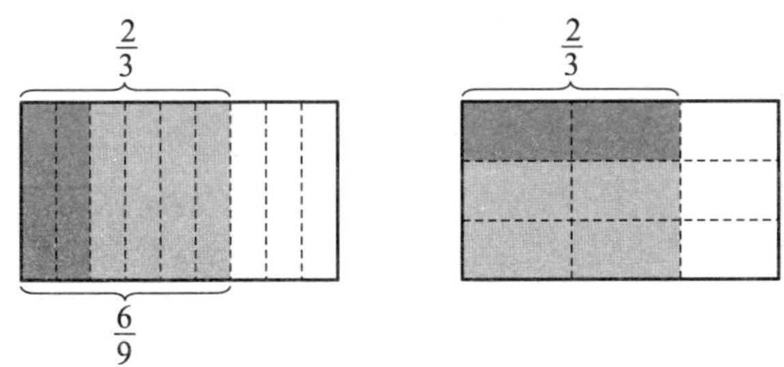

“把$\frac{2}{3}$画成$\frac{6}{9}$，$\frac{6}{9}$除以3等于$\frac{2}{9}$。”

“把$\frac{2}{3}$平均分成3份，发现等于$\frac{2}{9}$。”学生抢着回答。

“请大家仔细观察，你有什么发现？”我问。

“分母乘以3，分子不变。”

“除以3，就是乘以它的$\frac{1}{3}$。”

“是吗？刚才$\frac{2}{3}$除以2，是不是也可以乘以$\frac{1}{2}$呢？试试看。”我说。

学生试着乘以$\frac{1}{2}$，发现结果不变。

“刚才，我们通过把算式画出来，发现除以一个整数，可以变成乘以这个整数的倒数，把除法变成已经学过的乘法来计算。”

接着，我作了课堂小结。

数学家华罗庚说："善于'退'，足够地'退'，'退'到最原始的而不失去重要的地方，是学好数学的一个诀窍。"毋庸置疑，变抽象为形象，通过"画算式"将新知和学生已有的生活经验和知识经验联系起来，简简单单地理解，的确是数学学习的好方法。

三、画题意——轻轻松松地做题

苏霍姆林斯基说："如果哪个孩子学会了画应用题，我就可以有把握地说，他一定能学会解应用题。"学生在解决数学问题时常会出现错误，很多教师都认为学生没有理清数量关系，而学生对数量关系为什么理不清呢？根源在于学生在还没有理解题意的情况下就开始做题了。因此，只要让学生习惯把应用题用图的形式画出来，把抽象的文字语言变成直观的图形语言，数量关系就能理清了。

"会画画吗？"我问。

学生齐答："会！"

"请画出 1 辆小车。"我说。

学生很快就在本子上画了 1 辆小车，虽然有的画得不太像，我还是表扬了他们。

"再画 3 辆小车。"

学生 1 辆 1 辆地画，花的时间比较多，我在等待。

"再接着画 61 辆。"

"老师，一节课也画不完。"不知哪位学生说出了我需要的这句话。

"老师用半分钟就可以把它们画出来，不信，请看。"我用一个圈表示 65 辆车，又用一个长方形或一条线段表示 65 辆车。

"简单吧？"我回过头微笑着说。

"简单！"

"这 65 辆车是车店第一天的成交量，第二天比第一天增加了 13 辆，请你画出第二天的成交量。"

我发现学生有的画得太多，有的画得太少，于是把这两种情况展示给全班学生。

“这增加的 13 辆怎样才能画得准确呢？”

“这 13 辆刚好是 65 辆的$\frac{1}{5}$，把上面的图形平均分成 5 份，多画那样的 1 份就可以了。”一个学生站起来说。

“这种办法好！请大家再画一次，让它更加精准一些。”

学生第二次画与第一次相比，是带着数学思考去画的。这正是我需要的。

“把刚才画的图形读一遍。”

学生一边说，我一边板书：车店第一天成交 65 辆，第二天成交量比第一天增加 13 辆。

“根据这两条数学信息，你能提出什么问题？”

“第二天的成交量是多少？”

“两天一共成交多少辆？”

“会算吧？”我问学生。

“太简单了！”学生显得很自信。

“我把题目变一变，把 13 辆改为$\frac{1}{5}$，你能解决这道题吗？”我用红笔将“13 辆”改为“$\frac{1}{5}$”。

“很简单！65 加上$\frac{1}{5}$不就等于 65$\frac{1}{5}$（辆）吗？”学生还是显得很自信。

“汽车能卖$\frac{1}{5}$辆吗？”有同学开始质疑。

“这增加的$\frac{1}{5}$不是$\frac{1}{5}$辆，是 13 辆。”一个学生在我的鼓励下用图表示出增加的$\frac{1}{5}$。

“这个同学的方法真好！大家一起动手画一画。”

同学们画着画着，发现与刚才画的图完全一样。

“第一题很明显地告诉我们增加 13 辆，用 65 加上 13 就行了；第二题增加$\frac{1}{5}$，并没有告诉我们实际增加了多少辆，先要求得增加$\frac{1}{5}$是增加了多少辆。”我与同学们一起列出算式求解。

……

在这一教学环节中，我们从画图到使用文字表述图中的信息，进而变题，又从文字到图形，不露痕迹地沟通新旧知识的联系，轻轻松松地突破了“增加$\frac{1}{5}$”的难点。

经过一段时间的尝试，同学们在“画数学”中尝到了乐趣，我也在“画数学”教学中尝到了甜头。在教学过程中，发现学生难以理解、产生困惑时，让学生“画”；学生在解决问题遇到困难时，自觉地想到“画”。“画数学”已经成为教与学的一种方法，甚至是一种思想。在这一思想与方法的导引下，老师教得简单，学生也学得轻松。

3.2 用小方块摆出数学智慧

——人教版三年级下册“长方形面积计算”片段赏析

“长方形面积计算”内容探究性比较强，有利于培养学生的空间观念、探究能力、科学精神以及数学学习的兴趣，经常作为公开课展示。我有幸应邀参加“十年课改名师名课展示”活动，也选了这节课进行研究。

在面积与面积单位的学习中，学生知道用面积单位去测量面积的大小。但是在特定的条件下，用一个一个单位去测量不切实际，必须有一种新的、简便的方法求面积。因此，面积的计算才有学习的必要。正是这种学习的需要，体现了数学之美。

那么，在课堂教学中怎样让学生感受到数学的简单美呢？

理解与掌握长方形面积的计算方法是本课教学的重点与难点，长方形面积等于长乘以宽的本质含义是：长是几，一行可以摆几个单位，宽是几，就可以摆几行，每行的单位数乘以行数就是面积。

那么，如何让学生理解计算方法的本意呢？

数学家华罗庚说：“善于‘退’，足够地‘退’，‘退’到最原始的而不失去重要的地方，是学好数学的一个诀窍。”学生求面积的已知经验是用面积单位去测量，这是测量面积大小的原始方法，也是学习面积计算的基础，或者说是学习面积计算的起点。那么，学习面积计算就从用面积单位量这一原始方法开始，让学生经历合情猜想、动手操作、对比发现、验证结论的探究过程，从而找到一种更为便捷的方法。

2011 年版《数学课程标准》指出：学生应当有足够的时间和空间经历观察、实验、猜测、计算、推理、验证等活动过程。本节课应该安排多少次动手操作、实践探索活动，才能使学生有较为丰富的体验和深刻的理解呢？

［片段写真］

一、量一量，有什么发现

师：戴老师今天带来四个小礼物，瞧瞧。把最小的一个长方形放在左边，然后按从小到大的顺序放好。

（学生按教师的要求做好了课前准备）

师：怎样才能知道这些长方形的面积呢？

生：（齐）用 1 平方厘米的小正方形量。

师：好，用 1 平方厘米去量左边的长方形的面积，数数看，可以摆几个？

生：1 个、2 个……

（同学们动手 1 个 1 个地摆，由于使用的小方块数量不多，学生摆得比较快）

师：这个小长方形的面积是……

生：面积是 6 平方厘米。

师：除了面积外，你还知道什么？

生：长是 3 厘米，宽是 2 厘米。

师：你是怎么知道的？

生：沿着长边一排摆了 3 个，长就是 3 厘米；沿着宽边摆了 2 个，宽就是 2 厘米。

师：真会观察！大家一起动手量量第二个蓝色的长方形，看看长、宽、面积各是多少？

（学生很认真地摆，因为 1 平方厘米的方块很小，数量增加了，摆起来比较慢）

师：谁完成任务了？说说看。

生：第二个长方形的长是 5 厘米，宽是 2 厘米，面积是 10 平方厘米。

师：你发现了什么？

生：两个长方形的长乘以宽等于面积。

师：这两个长方形的长和宽相乘的确等于面积。其他长方形的长和宽相乘也会等于面积吗？再来试试，拿出第三个黄色的长方形，先量出它的长和宽。

（同学们 1 个 1 个地摆，因为课前学生准备了 16 个小方块，如果要摆完，小方块的个数不够，这就是我需要达到的效果。有些同学把 16 个全摆上了，有些同学只摆了 8 个就举手了。）

生：长是 5 厘米，宽是 4 厘米。

（学生汇报时，教师演示：沿着长边一排摆 5 个，沿着宽边摆 4 个，一共摆了 8 个）

师：还要再摆吗？

生：不摆了。

师：不摆怎么知道面积呢？

生：不摆也知道，一排摆 5 个，可以摆 4 排，四五二十，一定是摆 20 个，面积是 20 平方厘米。

（通过课件演示一排一排地把长方形摆满）

生：真的等于 20 平方厘米。

师：你又有什么新的发现？

生：这三个长方形的面积都等于长乘以宽。

生：三个长方形有些长相等，有些宽相等。

师：看来，长方形的面积与长和宽有关系。

（课件演示：宽不变，长变大，面积也变大；长不变，宽变大，面积也变大）

二、摆一摆，又有什么发现

师：大家在课前做了 16 个小方块，摆成不同的长方形，然后观察它的长、宽和面积，看看能拼几个。

（学生动手操作，教师巡视。大部分学生都能摆出 1 个或 2 个长方形。）

师：怎么样？有的人摆了3个长方形，有的人摆了2个长方形，你是怎么摆的？说说看。

生：第一个长方形一排摆8个，摆2排。

师：还可以怎么摆？

生：一排摆4个，摆4排。

生：那不是正方形吗？

师：正方形也可以的，还有吗？

生：一排摆16个。

师：一排摆16个，这么长，是不是长方形啊？咱们来看看是不是这样的。

（教师用PPT动态展示三种不同摆法，并根据学生的回答板书）

师：再看看，你现在可以确信长方形的面积等于长乘以宽了吗？

生：可以。

师：长方形的面积等于长乘以宽，也可以说长乘以宽等于面积。

师：那么正方形的面积呢？长乘以宽？正方形的长变成什么了？

生：边长。

师：长变成边长了，宽呢？宽也变成边长了。那么正方形的面积可以怎么算？

生：边长乘以边长。

（教师板书：边长 × 边长）

师：刚才我们用1平方厘米的小正方形摆，量出了长方形的面积，虽然麻烦，但大家很认真，慢慢地我们发现面积可能与长和宽有关系。通过多次摆，我们发现面积等于长乘以宽。

二、不用小方块，怎样求面积

师：这些长方形面积也等于长乘以宽，正方形面积等于边长乘以边长。老师这儿还有一个更大的长方形，继续量，看看谁最快知道它的面积。

（有些学生还是按刚才的方法量，有些学生用尺子量出长和宽就举起了手）

师：你怎么这么快就知道了这个长方形的面积？

生：用小方块量出长和宽，再用长乘以宽就等于面积。

生：用小方块太麻烦。先用尺子量出它的长和宽，用长乘以宽，就知道它的面积了。

师：你是一个爱动脑筋的人，不用摆，量出长和宽一算就行了。长是 8 厘米，一排就能摆 8 平方厘米，宽是 5 厘米，说明可以摆 5 排，一共是 40 平方厘米。是吧？

生：对！

（教师用课件动态演示思维过程）

师：刚才，通过量，发现了长方形面积与长和宽有密切的关系。通过计算求出面积，比用小方块量更为方便。（板书：长方形面积的计算）

［解析］

课堂教学经历了五次摆和量的过程，每一次摆和量都有其重要的价值。

第一次量的意图是引导学生把“一排摆几个”、“摆几排”与长方形的长和宽建立联系，为“长方形面积 = 长 × 宽”的内涵理解作好铺垫。第二次量的目的是引导学生发现长方形的面积可能与长和宽有联系，合情猜测长方形的面积等于长乘以宽。第三次量的过程中，在小方块不够用的情况下，发现只要摆一行和一列，就知道一共摆几个，进一步确立“一行”与“一列”摆的个数与长和宽的关系。第四次通过摆同面积、不同长和宽的长方形，再一次验证长方形面积与长和宽之间的关系，与此同时，又很自然地引出正方形面积与边长之间的关系。第五次量一个大的长方形面积，学生直接用尺子量出长和宽，用计算的方法求面积，再一次明确“长是几，沿着长就可以摆几个单位，宽是几，就可以摆几排”。

五个环节的摆和量，由浅入深、由表及里，让学生经历了从复杂到简便的全部摆、部分摆、一个都不摆的操作探究过程，体现了探究过程的“慢”和“透”。教师舍得花时间一次一次地摆，而每一次摆都有新的意图、新的发现、新的感悟。教学过程从学习的原点出发，不知不觉地开始，不露痕迹地理解，水到渠成地认知，潜移默化地渗透。

3.3 “原汁原味”也精彩

——人教版四年级下册“植树问题”课堂教学赏析

“植树问题”是人教版四年级下册“数学广角”中的一个内容，对于四年级的学生来说，解决此类问题有一定难度，许多老师为此作了一些铺垫，并制作了演示课件，帮助学生直观理解间隔数与棵数间的关系。

学生“难”在哪里？

一是题意理解难。“一侧”、“两端”、“隔 5 米种 1 棵”等都容易理解错。二是间隔数与棵数容易混淆，以为“每隔 5 米种 1 棵”就是“5 米种 1 棵”。

要不要作一些铺垫？

日本学者佐藤学说过这么一句话：“倘若内容平易，是不能创造性地展开思维能力的教育的。以低级的思维处理高层次的内容是可能的，但以低层次的内容培养高级的思维是不可能的。”教学内容不能过于简单，但也不是越难越好，应把握在学生“最近发展区”的框架之内。苏联心理学家维果茨基把儿童能够独立达成的水准与经过教师和伙伴的帮助能够达成的水准之间的落差叫作“最近发展区”。

那么，经过教师与同伴的帮助能否让每一个学生理解与掌握植树问题呢？

课件演示是否能深入人心？

课件的动态演示形象直观，学生是用眼睛看而理解的，并不是学生自己动手“做”出来的。有一句谚语说得好：“你听你忘记了，你看你记住了，你做你才学会了。”让学生动手“做”是否比“看”理解得更为深刻呢？

基于以上认识，直接出示例题展开了教学活动。

［课堂写真］

一、揭题尝试

师：3 月 12 日是什么节日？

生：植树节。

师：你看，戴老师和我的团队共栽了 1 棵“曙光树”。在植树活动中会遇到一些数学问题，今天我们就来研究“植树问题”。

［板书课题，屏幕上出示植树问题：四年级同学负责为一条 100 米

的公路一侧植树，每隔5米种1棵（两端都种），一共要准备多少棵树苗？]

师：谁知道？把它写下来。

（学生写好后纷纷举手）

生：我认为一共要准备20棵，100÷5=20（棵）。

（这个学生的想法得到了大部分同学的认同，这是我意料之中的）

生：不对！应该是40棵，因为两端都要种，20乘以2等于40。

生：我认为是22棵，两端都要种，所以20要加上2等于22棵。

生：应该是21棵，要加上第一棵。

（我将不同的答案写在黑板上）

二、读读议议

师：哇！这么多的想法。回过头来再读一读题目，题目的意思读懂了，思路就更清晰了。

（学生认真地读题，读完后，我在黑板上画出一条公路）

师：在公路的哪边种？

生：公路的一侧。

（再用红笔画出公路的一侧，并在这一侧的一端画上1棵树）

师：第二棵与第一棵之间相隔多少米？

生：相隔5米。

（我又画上第二棵树）

师：现在你改变自己的想法了吗？

生：第二种肯定不对，两端不是两侧。

师：还有三种意见，小组同学讨论讨论。

（小组同学讨论开了，有些小组同学争得面红耳赤，有些小组同学开始画图来说服同伴）

师：同意第一种意见的请举手，说说你们的理由。

（举手的同学明显比之前少了许多，看来许多同学的想法发生了改变）

生：5米种1棵，100米里面有20个5米，所以种20棵。

师：还有补充吗？

生：100米里面有20个5米，就有20个间隔，就要种20棵。

师：有道理！支持第三种解法的同学请举手，说说你们的想法。

生：每隔5米种1棵，20个5米种20棵，但开头1棵和最后1棵也要算，所以要加上2棵。

（第三种想法没有得到很多同学的响应）

生：不对！不对！最后1棵不能再算进去，应该是21棵，没有22棵。

师：支持第四种想法的同学请举手。

（大部分同学举手表示支持第四种想法）

师：很多同学的想法发生了转变，说说你们的理由。

生：第一个5米其实种了2棵。

师：后面的5米呢？

生：后面的每个5米种1棵。

三、边说边画

师：我们亲自种一种，看看需要20棵、22棵，还是21棵？没有树苗，也没有学具，怎么办呢？画图。开始吧。

（学生画，教师巡视，可能平时较少画图，学生画得小心翼翼，显得不够自信）

师：一起来画画，在左边端点种1棵，第一个5米再种1棵，再一个5米又种1棵，第三个5米又种1棵……找到感觉了吗？

（学生跟着教师“5米1棵”、“5米1棵”地边说边画）

生：找到了，应该是21棵。

师：再来画一次，一个5米种……

生：1棵。

生：2棵，是2棵。

师：接着，两个5米种……三个5米种……四个5米种……

生：两个5米种3棵，三个5米种4棵，四个5米种5棵……

（学生边说边“种”，朗朗上口）

师：100里有几个5米？种几棵？

生：100里有20个5米，种21棵。

（学生越来越自信地回答）

师：100除以5等于20，这“20”是什么？

生：20 个间隔。

师：20 个间隔也叫 20 段。再来观察，一段种几棵，两段种……三段种……

生：一段种 2 棵，两段种 3 棵，三段种……几段加 1 就是几棵。

师：还要不要再种一次？

生：不要了。

师：最后种一次吧。开始，5 米种 2 棵，10 米种……15 米种……20 米种……

生：10 米种 3 棵，15 米种 4 棵，20 米种……

师：请把刚才种的有关数据填入下表中。

总长	段数	棵数
10 米		
15 米		
20 米		
100 米		

师：填完表格，你发现了什么？

生：棵数比段数多 1。

师：种了四次终于种明白了。我们先用 100 除以 5 算出段数，段数加 1 等于棵数。

（板书：段数加 1 等于棵数）

生：哎呀！原来是这样。

师：有什么收获？

生：做题时要先把题意读懂。

生：画图真有用！

师：解决问题有疑惑时，就画图。通过画 5 米、10 米、15 米就可以发现规律，问题就迎刃而解了。

四、变化拓展

师：如果“只种一端”，又要准备多少棵树？

［出示：四年级同学负责为一条 100 米的公路一侧植树，每隔 5 米种 1 棵（只种一端），一共要准备多少棵树苗？］

生：那就只要 20 棵，一段种 1 棵。

师：段数等于棵数。

［出示：四年级同学负责为一条 100 米的公路一侧植树，每隔 5 米种 1 棵（两端都不种），一共要准备多少棵树苗？］

生：唉，这道题与刚才一样啊！

生：不一样，这道题是两端都不种。

生：只要 19 棵，段数减 1 等于棵数。

师：两端都种的情况弄明白了，只种一端和两端都不种的情况也自然清楚了。

［出示：四年级同学负责为一条 100 米的公路两侧植树，每隔 5 米种 1 棵（两端都不种），一共要准备多少棵树苗？］

生：刚才算一侧种 19 棵，两侧就是 38 棵了。

师：难不住你们了！

［出示：园林工人沿着公路一侧植树，每隔 6 米种 1 棵，一共种了 36 棵。从第一棵到最后一棵的距离有多远？］

生：老师，这道题没有说明"两端种不种"，还是"只种一端"。

师：对啊！怎么办呢？

生：把它画出来。

师：对了！有问题就把它画出来，看看是什么情况。

（学生兴致勃勃地画着，很快就有学生举手了）

生：虽然没有说明两端种不种，但求第一棵到最后一棵的距离，就是两端都种的情况。

师：两端都种，段数与棵数是什么关系？

生：段数比棵数少 1，是 35 段。

生：知道了，用 6 乘 35 等于 210 米。

师：不管题目怎么变化，只要找到段数与棵数的关系，问题很快就解决了。

［我的思考］

学生经历了尝试、析题、画图、变式等过程，这是去伪存真、去粗取精、逐步剥离的思维进程。

尝试让学生充分暴露思维过程，学生的想法就一目了然了。

读题是“退”的策略，是解题过程的一个重要环节，在理解题意中剥离，学生自我否定了其中一种想法是错误的；通过读题与讨论，越来越多的学生转变了自己原有的想法，支持第四种想法的同学占了大部分。

四次画图，一次比一次深入，课堂进入了新的高潮。第一次画：先种1棵，一个5米种1棵，两个5米又种1棵……渗透了“一一对应”思想。第二次画：一个5米种2棵，两个5米种3棵……发现种的棵数比5米的个数多1。第三次画：一段2棵，两段3棵……进一步抽象，感受棵数与段数的关系。第四次画：5米一段种2棵，10米两段种3棵……使总长、段数与棵数建立关系。学生边说边画，手、口、脑并用，兴致盎然，层层递进，步步深入。

变式是“进”的策略。只要学生对“两端都种”的情况理解透了，“只种一端”、“两端都不种”和“两侧种”的情况的理解自然就水到渠成了。

本课“种树”情境贯穿始终，植树问题在其他生活场景中随处可见，为什么没有设计其他问题场景？我想：有关苹果的问题解决了，有关香蕉、梨等其他水果的问题也能解决，因为解决问题的方法是一样的，教学要抓住数学的本质。

没有铺垫，没有课件动画演示，都是学生一步一步“做”出来的，课堂教学再朴实、再简单不过了，但简单之中独具匠心，原汁原味的课堂也精彩！

这就是我所追求的数学课堂。

3.4 让学生喜欢方程

——人教版五年级上册“稍复杂的方程”课堂赏析

学生喜欢用算术方法解决问题，而不喜欢用方程解，为什么？

其实，学生的任何一个选择，都有其充分的理由，我们应该尊重并理解他们的这种选择。从一年级开始接触的都是使用算术方法解决问题，这种解决问题的方式已经扎根于学生的头脑里，让学生形成了相对固定的思维方式，想要让学生体会方程的优势并使学生喜欢上方程并不是一件容易的事。再者，使用方程解决问题书写时需要假设、分析数量关系列出方程、解方程和作答，步骤多，比较麻烦。

然而，方程是数学知识系统中一项最为重要的内容，初高中的问题解决大多需要方程，让学生喜欢方程和使用方程非常重要。

那么，怎样才能让学生喜欢并自觉地用方程解题呢?

教学“稍复杂的方程”正是实现这一目标的极好契机，因为对于简单的逆向思维的数学问题，学生使用算术方法解题并不困难，而且理由充分，教师强迫学生用方程解题不够理直气壮；而对于“稍复杂的方程”中的数学问题，学生使用算术方法解题，可能会遇到很大的困难，大部分学生容易出错，而用方程解题就体现了其强大的优势，学生自然会喜欢并会自觉自愿地使用方程。

无论是用算术方法还是用方程解决问题，最为关键的是分析题中数量之间的关系并将之抽象成等式，教材中“a 比 b 的 2 倍少 4，求 b”的问题与二年级学习的简单的“比多比少”的问题在分析数量关系时有没有共通的地方？在列出方程后，教材提醒：先把 $2x$ 看成一个整体，怎样让学生理解“为什么要把 $2x$ 看成一个整体”呢?

教学思路慢慢地明晰起来。

［片段写真］

一、戴老师的年龄有多大

师：上课之前，我想让同学猜猜老师今年多大了。

生：30 多岁。

生：40 多岁。

生：60 多岁。

（最后一个学生的猜测把大家逗乐了）

师：请看屏幕，屏幕上的信息可能对你们有帮助。

（出示：老师的年龄比“我”的大 32 岁）

生：42 岁。

生：43 岁。

师：五年级的学生年龄应该是 10 周岁，老师的真实年龄是 42 岁。有了这条信息，老师的年龄与你的年龄就建立了一种关系，谁能用一个等式表示出老师的年龄与你的年龄的关系?

生：老师的年龄 - 我的年龄 =32。

生：我的年龄 +32= 老师的年龄。

师：还有吗？

生：老师的年龄 −32= 我的年龄。

师：对了！要能正确表示两者间的关系，就要想明白“谁与谁比”和“谁多谁少”。

（板书：谁与谁比、谁多谁少）

师：求老师的年龄，你选用哪个等式？

生：第二个等式，10+32=42。

生：用第一个和第三个等式也可以知道老师的年龄，可能要用方程吧。

师：说说看。

生：用第一个等式，老师的年龄减去 10 等于 32，可以求；用第三个等式，老师的年龄减去 32 等于 10，也可以求。

师：答案一样吗？

生：（齐）一样，都是 42。

生：用方程太麻烦了，还要用上 x 呢！我还是喜欢直接算！

生：是，用方程太麻烦了！

二、王老师的年龄有多大

师：我的同事王老师，比我长得又帅又年轻，请看。

（出示：戴老师今年 42 岁，比王老师年龄的 2 倍少 4 岁，王老师今年多少岁？）

师：你想知道王老师的年龄吗？算一算。

（学生在自己的练习本上列式计算）

师：谁来说说，你是怎么算出王老师的年龄的？

生：42 ÷ 2−4=17（岁）。

生：42 × 2−4=80（岁）。

（这个算式遭到了大家的反对，教师在算式后面打了一个“？”）

生：42 ÷ 2+4=25（岁）。

生：（42−4）÷ 2=19（岁）。

生：（42+4）÷ 2=23（岁）。

（很少有同学支持第二种和第五种意见，竟然没有一个学生用方程解题）

师：这么多的算法，结果都不一样，看来，王老师的年龄还是个谜。

（同学们各抒己见，争论不休）

师：解决“比多比少”的问题，首先要思考哪一个问题？

生：谁与谁比。

师：对！谁与谁比。

生：戴老师的年龄与王老师的年龄比。

师：同意！戴老师的年龄比王老师多多少？

（学生一时回答不上来，你看看我，我看看你）

师：再看看这句话，准确地说，戴老师的年龄与谁比？

生：与王老师年龄的2倍比。

（板书：戴老师年龄　王老师年龄的2倍）

师：对了！思考的第二个问题是——

生：谁多谁少。戴老师的年龄少，王老师的年龄的2倍多。

师：请你像刚才一样，用一个等式表示出戴老师的年龄和王老师年龄的2倍之间的关系。

生：王老师年龄的2倍－戴老师年龄=4。

生：戴老师年龄+4=王老师年龄的2倍。

生：王老师年龄的2倍－4=戴老师年龄。

（板书这三个关系式）

师：你会选择哪个关系式求王老师的年龄？

生：都要用方程解。

师：设王老师的年龄为x，列出方程。

（根据学生的选择，板书对应的方程：$2x-42=4$　$42+4=2x$　$2x-4=42$）

师：这三个方程比较复杂，我们暂且叫它稍复杂的方程，怎么解呢？

生：先求出$2x$等于多少。

师：对！把$2x$当作一个整体，先求$2x$，就是先求王老师年龄的2倍。开始解方程吧。

（教师请三位同学在黑板上解三个方程。讲评时，教师强调等号要

对齐并验算、写答）

生：也可以用算式（42+4）÷2=23（岁）。

师：为什么刚才第五种算式计算是对的？

生：先求王老师年龄的2倍。

师：回过头来看看，你有什么新的收获？

生：原来没想明白，就是凭着感觉算，现在知道了，先求王老师年龄的2倍，因为戴老师的年龄与王老师年龄的2倍比。

生：解题前先要想明白“谁与谁比”、“谁多谁少”，然后列出两者间的关系式。

师：列方程解，不是挺麻烦的吗？

生：有些时候，用算术方法解容易出错，用方程解更容易。

师：是啊！如果所有的数学问题都能用算术方法解的话，为什么还要花那么多时间学习方程呢？学习方程不就是为了帮助我们解决比较复杂的问题吗？

［**我的思考**］

解决数学问题最为重要的是分析数量关系，新课程背景下的课堂教学似乎淡化了这一重要环节。但我认为不仅不能淡化，还要更加重视，因为它有利于培养学生的分析与综合能力，从而提高学生解决问题的能力。

猜一猜、算一算戴老师的年龄有多大，拉近了老师与上课学生之间的关系，营造了良好的课堂学习氛围。更为重要的是，抓住了“谁与谁比”与“谁多谁少”这两个关键问题分析并列出关系式，明确借助哪个关系式都可以算出戴老师的年龄。既可以用算术方法解，也可以用方程解。既唤醒了旧知，又为教学稍复杂的方程问题设下了埋伏。

“老师的年龄比‘我’的大32岁”是小学二年级的内容，对五年级的学生来说很简单，而“戴老师今年42岁，比王老师年龄的2倍少4岁”，与之相比，只是相比较的两个量中的一个量变化了，变成与“年龄的2倍”相比，其他没有什么不同。但正是因为这一小小的变化，学生用算术方法解题时出现了错误，而正是这些“错误”才使学生深切感受到列方程的必要，充分体现了方程的价值。

苏霍姆林斯基说：“在我看来，教给学生借助已有的知识去获取新知识，这是最高的教学技巧之所在。”在破解稍复杂的问题时，我没有另起炉灶，而是沿用二年级的知识，分析“谁与谁比”、“谁多谁少”，明确戴老师的年龄是与王老师年龄的 2 倍比。这样，正确的关系式就建立起来了。教材中“把 $2x$ 当作一个整体，先求 $2x$”，就是先求相比较的两个量中的一个量——“王老师年龄的 2 倍”，这一难点在不露痕迹中被破解了。

简简单单的两次“比年龄”活动，让学生自觉地接受了方程，自愿地选择了方程，这样的教学没有强制，而是相机诱导，是自然的、环保的。

数学教学，其实就这么简单！

3.5 学生会了，教什么

——人教版二年级上册“8 的乘法口诀”的二度思考

十几年前，我参加了福建省第三届小学数学课堂教学大赛，在福州群众路小学上了一堂“8 的乘法口诀”而一鸣惊人，夺得了第一名。此后，各地的老师见到略微发胖的我，叫不出我的姓名，而是问：“你就是 8 的乘法口诀？”看来，老师们对这堂课记忆犹新。

可我一直对这堂课持有一种怀疑态度。给每个小组准备一些小方块，引导学生操作思考：拼一个大一些的正方体要用几个小方块？拼两个、三个……通过这种操作活动编出 8 的乘法口诀，有必要吗？学习 1—7 的乘法口诀对学习 8 的乘法口诀有什么帮助？学生创造和熟记 8 的乘法口诀有没有困难？如果没有困难，学生需要什么呢？课堂教学的生长点又在哪里呢？

乘法口诀是学习表内乘除法，乃至多位数乘除法的重要基础，它占据了二年级上册教学内容的半壁江山，可见其在小学低段数学教学中的重要性。几乎每一位低段数学教师都有一个共识：掌握与熟记乘法口诀并不难，班级学生中成绩最落后的也能把乘法口诀背得滚瓜烂熟。而中高段教师则发现：同一个班级不同学生的计算能力和解决问题的能力有很大的差距，这是为什么呢？

为了验证我的看法和弄明白这个问题，我和俊杉老师在她所任教的班级找了甲、乙、丙三个不同程度的学生开始“侦察”。

先让这三个同学尝试编 8 的乘法口诀，发现学生丙编得最快且准确无误；乙编得稍慢一些，也没有出现错误；甲编得最慢，还编错了两句口诀。结论是：我们认为最弱的学生，口诀编得又快又对，我们认为最强的学生倒是出现了失误。在谈话中，我们才知道，丙在一年级的时候，妈妈就教会了她背乘法口诀，因此她编得最快且准确，甲和乙都是根据1—7的乘法口诀的经验一个个地算，编出口诀的。当问及“你是怎样算的”时，丙说“一次一次地加8”，而甲和乙还能用其他办法算出8的倍数，尤其是甲，他能用4个8加上4个8或5个8加上3个8推算出8个8是多少。

由此，可以看出学生在编和记口诀的结果层面上区别不大，而在心算策略上存在差距。具体地说，三位学生对数字之间的关联的意识以及灵活解决数字问题的能力（也就是数感）有较大的差别。

原来，计算能力和解决问题的能力的差异在于数感不一样。

新的课程标准首次强调要在“数”的教学中重视学生数感的培养。对此，我深有感受。

多年没有任教二年级了，但我还是决定再上一堂“8的乘法口诀”。受福建省教育学院的邀请，我在福州钱塘小学为省骨干班学员呈现了我久违的“8的乘法口诀”。

［课堂写真］

一、编——温故知新

师：有那么多的老师与我们一同上课，紧张吧？我们一起来做做操放松放松。

（随着欢快的口令——“一二三四五六七八、二二三四五六七八……”，孩子们认真地做起了操。由于动作都是学生原创的，教室里不时发出一阵笑声。）

师：有没有同学计算过，咱们一共做了多少个动作？

（同学们面面相觑，有些同学在摇头）

师：没关系！今天咱们来学习“8的乘法口诀”。你会编吗？翻开课本第80页试一试。

［同学们真会编吗？应该会的！观察的结果比我想象的还要好。3分钟的时间，我在寻找有困难的同学，很遗憾，没找到。如果说有区别的话，就是口诀中的数有些同学用汉数，有些同学用阿数，如三八（24）、三八（二十四）。十几年前，我花了那么多的时间让学生通过拼

正方体编出口诀，看似精彩，其实真不值。我想，孩子们成功地实现了1—7口诀方法的迁移，不能小瞧了他们的实力呀！]

师：看看这位同学编的口诀，给他改改，对一个，画一个“√”；错一个，画一个问号。

（改完后，我让学生互相检查与更正）

师：咦！你们是用什么办法编的？

生：连续加8。

生：2个8加上2个8是4个8，16加16等于32；32加32是8个8，等于64。3个8等于24，24加24是6个8，六八四十八。

师：那5个8和7个8，你是怎么算的？

生：2个8加上3个8就是5个8，5个8再加2个8就是7个8。

（学生一边说，我一边移动写有8的磁片，学生就能比较直观地理解各句口诀之间的关系）

师：这两个同学的方法好极了！每一句口诀都与其他口诀有密切的联系，知道其中一句口诀，就可以推出其他口诀。那么，今天学的口诀又与前面7的乘法口诀有什么关系呢？

（在屏幕上出示7的乘法口诀）

生：有！1个8比1个7多1，2个8就比2个7多2，3个8……

师：对了！用7的乘法口诀也能推出8的乘法口诀。这就叫温故而知新。

师：你们成功地创造了8的乘法口诀，老师为你们鼓掌！其实啊，同学们是用以前学过的知识解决新的问题，这种方法是学习数学时常用的。

[放手让学生编口诀，是有前提条件的，也就是学生要具备一定的口诀基础和方法。学生学习了1—7的乘法口诀，经历了大量的实践操作，有了一定的经验并掌握了一定的方法，如果我还是沿用老一套的方法引导学生操作，一句一句地编，那么学生的数学思考能力就得不到更快的提高。我在课堂上的“懒惰”行为，逼着学生“勤快”起来。学生不仅能一个一个地加8，还能用多样的算法编出口诀，又在我的提示下发现了7和8的乘法口诀的联系。编出口诀不是最重要的，最重要的是让学生体会到了数学思想与方法以及先进的思维方式——迁移，

培养了学生的数感。正可谓:“教师的认识有多高,学生的发展就有多远。”]

二、背——规律巧记

师:你能用1分钟时间把口诀背下来吗?

(同学们很认真地背口诀,教师请一个同学背,背到七八五十六时卡壳了。我想:学生的困难与错误本身就是一种教学资源、一个新的生长点,得好好利用。)

师:七八……给忘了,大家帮忙出出主意。

生:6个8加上1个8,48加8等于56。

生:7个7加上1个7,就是8个7。

生:5个8是40,再加2个8,40加16等于56。

师:你为什么想到了5个8?

(也许这位同学没有多想,只是知道把7个8分解成5个8和2个8,他没有回答我的问题)

师:其实,这个同学的方法也挺好,在八句口诀中,5个8刚好是整十数,整十数加上一个数很方便。请看屏幕。

1	2	3	4	5	6	7	8	9	10
11	12	13	14	15	16	17	18	19	20
21	22	23	24	25	26	27	28	29	30
31	32	33	34	35	36	37	38	39	40
41	42	43	44	45	46	47	48	49	50
51	52	53	54	55	56	57	58	59	60
61	62	63	64	65	66	67	68	69	70
71	72	73	74	75	76	77	78	79	80
81	82	83	84	85	86	87	88	89	90
91	92	93	94	95	96	97	98	99	100

师:将8的倍数与整十数比较,你有什么发现?

生:1个8比1个10少2,2个8比2个10少2个2,几个8就比几个10少几个2。

师:对了!当我们遇到困难的时候,可以寻找数与数之间的关系,这样就有很多好办法解决问题。

师：累了吧？咱们再做一遍操，不过，做完一小节，要背一句口诀。

（一二三四五六七八，一八得八；二二……同学们饶有兴致地做起了操。做完后，同学们抢着回答："64个动作。"）

［化归是把要解决的数学问题变换或转化成已经解决或容易解决的问题的思维方式，这也是数学的一个重要的思想与方法。当学生忘记其中一句口诀时，能够想到分解运用其他口诀或其他方法来帮助记忆，这是我想要达到的目的。引导学生巧记口诀，把7个8与其他口诀或整十数建立联系；数表中8的倍数的位置呈现，使学生进一步做到"心中有数"。学生心算策略的多样化的主要目标指向不是最优化，而是建立学生的数感。我想，数感的建立，一定会为后续的学习提供很大的帮助。］

三、用——化难为易

师：口诀记住了，还要用得好！下面有几道算式，比一比，看谁算得快。

（出示：7×8　8×2　8×8　4×6　6+8）

（我故意将题出示得很快，以提高学生的反应能力。算6+8时，果然，许多同学掉进我设的"陷阱"里了。）

（出示：8×6+8　8×6+6）

师：你是怎么算的？

生：8×6=48，48+8=56。

生：7×8=56，6个8加上1个8是7个8。

师：这种方法好！一句口诀就解决了问题。那"8×6+6"呢？

生：把它看成9个6，9个6是……

师：9的乘法口诀还没学呢，怎么办？

生：8×6+8=56，8×6+6比它少加了2，应该等于54。

师：你的聪明才智令我佩服！

（出示：7×8−8　7×8−7）

生：7×8−8可以看作6个8，是48。7×8−7就用48加上1，是49。

师：为什么是加上1呢？

生：减 7 比减 8 少减了 1，得数就要加 1，所以是 49。

师：你们都学精了！

（孩子们都笑了，我也开心地笑了！在备课的时候，没想到 8 个 6 加上 1 个 6 是 9 个 6，9 个 6 的口诀还没学过，学生能与前一个式子作比较推算出下一个式子的得数，这是一个没有预约的精彩。）

师：数一数，有多少个小方格？

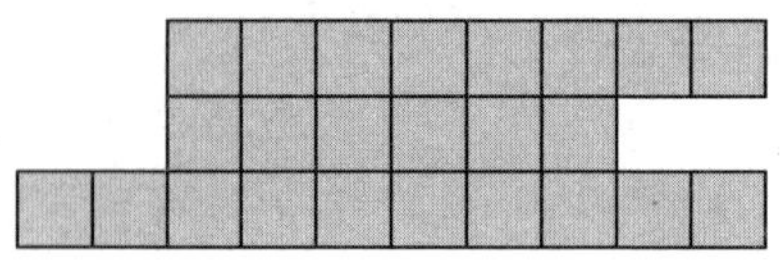

生：8+6+10=14+10=24（个）。

生：将左下角两个方格补到右边空缺的地方，刚好每一排都是 8 个，3×8=24。

师：嘿嘿！移多补少，算起来更方便。下面这个图呢？

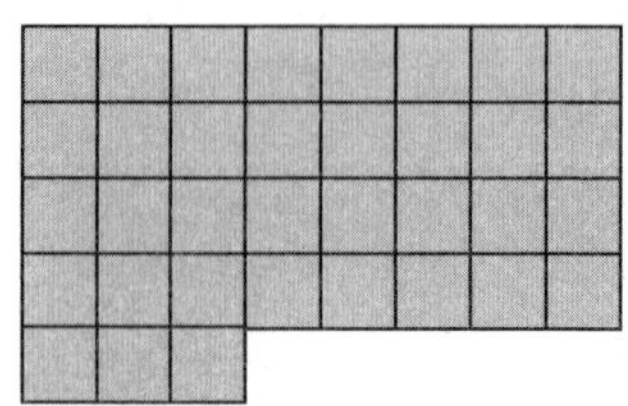

生：4×8+3=32+3=35。

生：5×8−5=40−5=35。

师：5 个 8 就多算了 5 个，要减去 5。还有没有其他算法呢？

生：把最右边四个补到下面就齐了，每排 7 个，有 5 排，5×7=35。

师：这三种方法都很好！学好了数学本领，就能够“化难为易”。

［设计这两道练习时，我在想：“这是不是太难、太活了？”学生的表现给了我结论和自信。正如日本教育家佐藤学所说：“倘若内容平易，是不能创造性地展开思维能力的教育的。以低级的思维处理高层次的内容是可能的，但以低层次的内容培养高级的思维是不可能的。”如果停留在运用乘法口诀解决诸如“8×7”的练习层面上，相当于重复编和记口诀的过程，学生只是在反复操练中变成“熟练工”而已。练习的变化不断促进学生的认知的生成，学生从多角度思维产生多样化的算法，多样化的算法交相辉映，相互碰撞，学生的思维方式得到了提升，

也造就了课堂的精彩。]

上完课后，我还在想："学生需要多种算法吗？"在"多样化"与"最优化"的问题上，教师们有太多的争论。不管怎样，学生的"多样化"值不值，要看它有没有促进学生的思维发展。本课中学生从不同角度思考，经历了"移多补少，化难为易"的思维过程，体验了口诀运用的价值，更为重要的是，学生心算策略的不同是建立在已有知识基础上对新知识的再思考，并把这种思考上升为一种数学方法或一种数学思想——化归。

如果你去问学生"学数学最讨厌什么"，学生会毫不犹豫地回答："计算。"为什么学生最讨厌的是计算？那是因为学生认为计算是机械的、枯燥的，按老师教的法则算就可以了。为什么学生会有这样的认识偏差？问题出在哪里呢？长期以来，我们的计算教学总是迫不及待地教给学生自动化的竖式计算方法，因为在老师眼里，竖式计算最管用，可以解决一切计算问题，从而忽略了心算策略的培养，也就是数感的形成，所以学生感觉不到计算的"味"。因此，给计算教学赋予新的内涵，重建学生喜欢的计算课堂，是我们要努力的。

如果有人问我：再过几年，第三次上"8 的乘法口诀"，你会怎么上呢？我实在无法回答，因为我的课往往是在上课的前一分钟才最终确定的。有时，看着学生的眼睛和表情，可能就会改变甚至推翻我原来的想法，进而改变课堂教学的路径。但有一点可以肯定，就是第三次的课和第二次的课不会一样，因为课是随着教师的认识的改变而改变，随着学生的变化而变化的，唯一不变的是"为学生的发展而教"。

为了达到"为学生的发展而教"之目的，我们应该学习，学习，再学习。

3.6 先学了，怎么办

——北师大版五年级下册"分数混合运算（二）"的实践与思考

2011 年 4 月 10 日，我应邀到福建省大田县执教了五年级下册"分数混合运算（二）"这一研究课。"分数混合运算（二）"包含两个方面的内容：一是解决"一个数比另一个数多（少）几分之几，求这个数"的问题，二是整数运算定律在分数混合运算中的运用。鱼和熊掌不可兼得，要有所为有所不为。我把本节课的重点目标定位在解决问题上，而重点目标之重是理解“多（少）几分之几”，也就是两个数量之间的关系。因此，我把课题通俗化地定为“找关系”。

“一个数比另一个数多（少）几分之几，知道其中一个数，求另一个数”这一问题，在小学阶段是最难理解的内容之一，找准两个量之间的关系成为本节课的关键所在。那么，如何引导学生找关系呢？学生解决问题的最好策略是什么呢？我不断地追问。

让学生画题，打开文字、符号与图形语言的通道，让那些显得刻板的文字或符号变成鲜活的图形，从直观到抽象，从抽象到直观，让形象思维与抽象思维和谐共舞。这样，学生应该会学得更轻松快乐。因此，我把“画数学”的策略思想贯穿始终。

对于此类问题，学生“难”在哪儿？学生会怎么想，又会怎么做呢？对此做好充分的预设，是提高课堂效率的前提条件。在中低年级的教学中，学生做了大量诸如“已知 a，b 比 a 多 c，求 b”的题，“多 c 就加 c”的思维定势无疑会干扰“多几分之几”的关系理解。那么，要达到上述目标，就得充分暴露学生的问题，设计一些让学生出错的教学环节。因为人变聪明往往是从出错开始的。在学习过程中，学生暴露错误，进而找到出错的原因，最后不会出错，就变得聪明了。出错是学生的权利，帮助学生不再犯同样的差错是教师的义务，课堂因差错而有价值、有生命力。

有了这样的认识和针对性强的目标定位，我的教学思路也就清晰了。

首先，从画“车店第一天成交量是 65 辆，第二天成交量比第一天增加 13 辆”开始，一是体验线段图、统计图的简洁；二是围绕“如何画准增加的 13 辆”讨论，为突破难点搭好脚手架。

其次，将“增加 13 辆”改为“增加$\frac{1}{5}$，相机暴露“增加$\frac{1}{5}$”就是用“$65+\frac{1}{5}=65\frac{1}{5}$（辆）”的错误理解，引发争论，激发学生的求知欲，进而让学生带着问题自学。解决问题有多种方法，“为什么不同的算式，结果都一样呢”，让学生明白这里面隐藏着乘法的运算定律。

再次，这道变式题的作用有两点：一是检查学生对新知的掌握情况并巩固新知；二是通过变式对比，进一步理清同样的分数中“率”与“量”的实际意义，这是最容易出错的地方。

最后，看图找关系，可以用不同的表达方式。虽然表达方式不同，但两个数量间的关系没有变，只要知道其中的一个量，就可以求出另一个量，有时可以用方程求解。目的是将新旧知识重组，建立联系，融会贯通，为下一个内容的学习埋下伏笔。

关于课堂总结，我不太喜欢用“你学会了什么”、“你有什么收获”等问题让学生谈学习心得，而是用“千金难买回头看”这句改编的名言启发学生“回头看”——我们用什么方法理解、要注意什么，让学生有一个清晰的思路、一个学习策略的反思，这才是学生可持续发展最为重要的。

大田实验小学的学生对我来说是一个抽象体，有一个问题始终在我的脑海里萦绕。虽然交代过组织者不要提前布置学生自学，但如果任教的班级真的布置了学生提前自学，按原定计划实施课堂教学的后果也就可想而知。于是，我赶紧找来任教班级的老师了解，果不其然，学生已经自学了今天我要讲的内容，我只好临时改变了“课堂上学”的教学策略。

那么，课前先学了，课堂上该教什么和怎么教呢？该怎样融入“画数学”的体验呢？以下是教学过程。

［课堂写真］

一、暴露问题，相机引导

只有先了解学生，课堂教学才有针对性；有了教与学的针对性，才能谈课堂教学的有效性。于是我把学生推到前台，这样“逼”着学生暴露自学中出现的问题。

（课前临时把课题与例题都抄在黑板上：车店第一天成交量是65辆，第二天成交量比第一天增加$\frac{1}{5}$。第二天成交多少辆？）

师：这节课的学习内容是什么？

生：找关系。

师：那咱们现在就开始找关系。老师站在这儿，我们就建立了一种什么关系？

生：师生关系。

师：说得好！这节课你们是老师，我是学生。黑板上的这道题，昨天已经学过了，谁来当老师？

（一个学生走上讲台，有模有样地开始讲解：我是这样想的……你们有什么补充？还有什么问题？看得出来，原任老师对班级学生汇报与互动做了长期的培养与训练。但这个学生对于“增加$\frac{1}{5}$”还不太确定，这是我课前预料到的。）

师：如果第二天比第一天增加5辆，就用65加上5，等于70辆，增加$\frac{1}{5}$，不就是用65加上$\frac{1}{5}$，等于65 $\frac{1}{5}$辆吗？

生：不对，不对！这个$\frac{1}{5}$不是$\frac{1}{5}$辆。

生：哪有$\frac{1}{5}$辆车之说？

师：那是多少辆？

（有些同学答不上来，有些同学认为是65辆的$\frac{1}{5}$，是13辆）

师：（我引用苏霍姆林斯基的话来提醒学生）伟大的教育家苏霍姆林斯基说：“如果哪个孩子学会了画应用题，我就可以有把握地说，他一定能学会解应用题。”把这道题画出来就清楚了。

（以前接触过线段图，大部分同学画的是线段图，我请一个同学把线段图画在黑板上，他把“增加的$\frac{1}{5}$”画得长了些）

师：这位同学画得怎么样？

生：太长了。

（我故意将增加的部分改得很短）

生：太短了。

师：这“增加的$\frac{1}{5}$”到底要画多长呢？

生：先把第一天的平均分成5份，第二天增加的就是第一天的$\frac{1}{5}$。

师：为什么是第一天的$\frac{1}{5}$呢？

生：第二天与第一天比，以第一天为标准，增加的$\frac{1}{5}$就是第一天的$\frac{1}{5}$。

师：现在知道怎么列式了吧？

［学生列出了两种式子：$65+65\times\frac{1}{5}$，$65\times(1+\frac{1}{5})$］

师：为什么两个算式不一样，而结果一样呢？这里面隐藏着什么规律？

生：乘法分配律。

师：对！乘法分配律在分数运算中同样可以用。

二、先画后做，变中求真

师：刚才我们通过“画”找到了第一天的成交量与第二天的成交量的关系，从而找到了解决问题的办法。下面这道题你再试试用这种办法先画后做。

（出示：煤厂第一次运出煤24吨，第二次运出的比第一次运出的少$\frac{1}{4}$，第二次运出多少吨？同学们开始画图，我没有发现同学们解决这道题存在什么困难，说明前一阶段花的时间很值，“夹生饭”已经成了“熟饭”。同学汇报完后，我又出示了第二道题：煤厂第一次运出煤24吨，第二次运出的比第一次运出的少$\frac{1}{4}$吨，第二次运出多少吨？同学们一看，不由自主地惊呼起来。）

生：题目一样。

生：不一样，不一样，是$\frac{1}{4}$吨。

师：那该怎么做呢？

生：直接用24减去$\frac{1}{4}$等于$23\frac{3}{4}$吨。

师：为什么可以直接减？

生：刚才的$\frac{1}{4}$是24吨的$\frac{1}{4}$，也就是6吨，这个$\frac{1}{4}$吨是1吨的$\frac{1}{4}$。

师：请大家把它画出来，$\frac{1}{4}$吨到底有多少？

（通过两个图的比较，同学们对$\frac{1}{4}$和$\frac{1}{4}$吨的理解就水到渠成了）

师：是啊！一字之差，两者之间的关系就发生了很大的变化。

三、读懂图形，重组知识

师：由此看来，解决问题最重要的是要找准两个数量之间的关系，这里有个线段图，同桌之间说一说它们之间的关系。

（出示线段图）

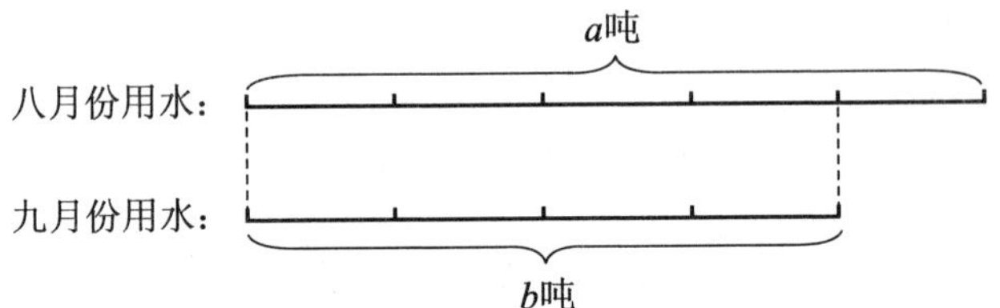

（汇报时，有位学生说“八月份用水量比九月份多八月份的$\frac{1}{5}$”，同学们听得一头雾水）

师：人的脑袋怎样才会变得越来越聪明，就是从清醒到晕再到不晕，等你不晕了，你就变聪明了。

（课堂上发出一阵笑声）

生：先要找到标准量，也就是九月份的用水量。

师：越来越清醒了！

生：九月份是4等份，八月份比九月份多的是其中的1份，因此比九月份多$\frac{1}{4}$。

师：变聪明了。其实刚才那位同学也没说错，就是拐的弯多，把大家转晕了。

生：九月份用水量是八月份的$\frac{4}{5}$。

师：如果用算式表示呢？

生：$b=a\times\frac{4}{5}$。

师：还可以怎么说？

生：八月份用水量是九月份的$\frac{5}{4}$，$a=b\times\frac{5}{4}$。

生：九月份比八月份少$\frac{1}{5}$，$b=a\times(1-\frac{1}{5})$。

生：八月份比九月份多$\frac{1}{4}$，$a=b\times(1+\frac{1}{4})$。

师：比较一下，九月份与八月份比的两个关系句，有什么发现？

生：九月份是八月份的$\frac{4}{5}$，就是比八月份少$\frac{1}{5}$，意思一样。

师：八月份与九月份比的两句呢？

生：意思也一样。

师：其实，这四个句子表示的两个月用水量的关系都是不变的。如果告诉我们八月份用水量是20吨，九月份用水量怎么求？

生：把上面关系式中的 a 改为20。

师：第一、三个直接算，而第二、四个关系式是方程，会解方程吗？试一试。

生：都等于16吨。

师：为什么答案都一样？

生：因为关系一样。

师：真聪明！万变不离其宗，这个“宗”找到了，就能以不变应万变了。

四、课堂总结，提炼方法

师：古人云：“千金难买——”

生：寸光阴。

师：在我们的学习过程中，千金难买回头看！回过头来看一看，我们是怎样找关系的？

生：画图，把问题画出来。

师：这是一种很好的办法！还有呢？

生：找准关系后，列出算式。

师：还有呢？

生：计算结果。

师：还有呢？

生：答。

师：其实，我们还用了一个好方法——比较。通过比较，知道“$\frac{1}{4}$”与“$\frac{1}{4}$吨”的不同意义；通过比较，知道事物之间的相同点和不同点。这样，才能 做到“以不变应万变”。

[我的思考]

学生先学了，我该怎么办？

回到孩子的学习世界，学生也可以分为三类，就像学煮饭：第一类学生煮出的是熟饭，第二类学生煮出的是夹生饭，第三类学生只是把米放进锅里而不知怎么煮。因此，有必要在课堂上重新讨论“怎么煮”。课堂上讨论的目的大概有两个：一是让大家都能把饭煮熟；二是下次学做菜的时候，有更多的同学能做好。这两个目的用专业术语表示，就是知识与能力。

正因为有会煮饭的、不太会煮饭的和完全不会煮饭的，课堂讨论才有可能，课堂合作才更加有效，因为在这个学习共同体中，各种不同背景的学生在相互发生作用，教师的任务是使这种相互作用的价值最大化。

一、在展示成果时暴露问题

如果学生的汇报有差错，你就很容易判断学生的问题之所在，课堂的针对性就强。学生课前先学了，意味着他们已经知道了结果，汇报时，答案是对的。然而，即使学生已经知道结果，你还无法判断他是否真正理解了，这是多么可怕的事啊！因此，即使学生回答正确，教师也不能轻易断定学生已经理解掌握了，而应该想办法让学生的问题暴露出来。

果然，当老师问“如果第二天比第一天增加 5 辆，就用 65 加上 5，等于 70 辆，增加$\frac{1}{5}$，不就是用 65 加上$\frac{1}{5}$，等于 $65\frac{1}{5}$（辆）吗”时，许多学生对此产生了分歧，问题就暴露无遗了。

二、在出现困难时渗透方法

只有让学生暴露出问题，教学方可对症下药。那么，学生暴露出问题时，教师是告诉学生怎么做，还是引导学生自己去做？我选择了后一种做法：引导学生把文字变成图形，围绕“如何画准增加的$\frac{1}{5}$”展开讨论，紧扣学习的重点与难点。

对比是数学学习的一种思维方式，能很快地抓住事物的本质特征，在课堂教学中也得到了比较好的运用，比较“$\frac{1}{4}$”与“$\frac{1}{4}$吨”的异同，强化了新旧知识之间的联系，提高了学生的数学素养。

三、在掌握方法时重组知识

当学生掌握了“求一个数比另一个数多（少）几分之几”的求解方法时，人们似乎认为课堂教学已经完成了既定的目标，因为一堂课解决的是一个知识点，学生掌握了这个知识点就可以了，接下来应该是用一些练习巩固这个知识点，让学生做到熟练运用。这种做法对于应付考试很管用。

然而，数学知识点不是孤立存在的，知识点之间有着紧密的联系。一旦这种紧密的联系让学生体会到，学生就能运用数学的逻辑与思维“举一反三”和“举三反一”。这时，他们才会真正拥有对学科知识的持久兴趣。正如周彬教授所说：“要让学生对学科知识有持久的兴趣，就必须用学科知识的逻辑与思维来锻炼学生，让他们在对学科知识点的串联过程中获得成就感，并通过对学科知识的整合来提高自己的能力。”

学生根据线段图找关系，可以用“九月份是八月份的$\frac{4}{5}$”、“九月份比八月份少$\frac{1}{5}$”，也可以用“八月份用水量是九月份的$\frac{5}{4}$”、“八月份比九月份多$\frac{1}{4}$”来说明八月份与九月份用水量间的关系。当学生体会到前面两句或后面两句所表达的意思其实完全相同，甚至四句不同的表达方式，体现的两个月用水量之间的关系一致时，学生就会豁然醒悟：原来数学就是这么简单！

因此，“先学后教”绝不能停留在知识层面上，学生还需要思想与方法，以及学科知识间的联系，这样才能真正实现“情感、态度与价值观”目标。

3.7 知识与方法的统一
——北师大版五年级上册“组合图形的面积”课堂赏析

求组合图形的面积需要把它转化成已学过的基本图形来求解，转化的方式有多种，从解决问题的角度看，学生只要掌握一种方法即可；从学生思维的发展看，学生应该接触多种方法；从学生能力的提高看，学生还应能根据不同的信息选择最优的方法。

研究北师大版五年级上册“组合图形的面积”时，发现教材中只列出了割和补的方法。我做了课堂前测，发现学生很容易想到用“割”和“补”的方法求组合图形的面积。因此，通过同伴互助、教师的引导，让全体学生能用一种方法求面积是比较容易实现的。

但是，课堂教学不能仅停留在“保底”的层面上，要让数学的思想与方法内化到学生的心里，要让学生的数学能力得到有效的提高，这是我们要努力的。

在教材上的例题中，编者设计组合图形相关边长的数据是否巧合，是否有意图？根据图形相关数据，可以用“割”的方法，将图形一分为二、一分为三，甚至一分为四来求解；也可以用“补”的方法，在图形右上角补上一个正方形，形成一个大的长方形，或者用两个完全一样的组合图形拼成一个大长方形来求解；还可以用“先割后补”的方法，将图形一分为一，而“先割后补”又有多种方法。

那么，课堂教学能否在方法的多样化与最优化的过程中实现知识、方法与能力目标的统一呢？

［片段写真］

一、这样的图形怎么求面积

师：同学们，你会计算哪些图形的面积？

生：长方形的面积等于长乘以宽，正方形的面积等于边长乘以边长。

生：平行四边形的面积等于底乘高，三角形的面积……

师：真不错！一口气说出了五个图形面积的计算方法。这些图形，我们把它叫作“基本图形”。

师：戴老师买了一套新房，想不想看看？

生：想！

师：（出示平面图）买瓷砖铺地板，要先做什么工作？

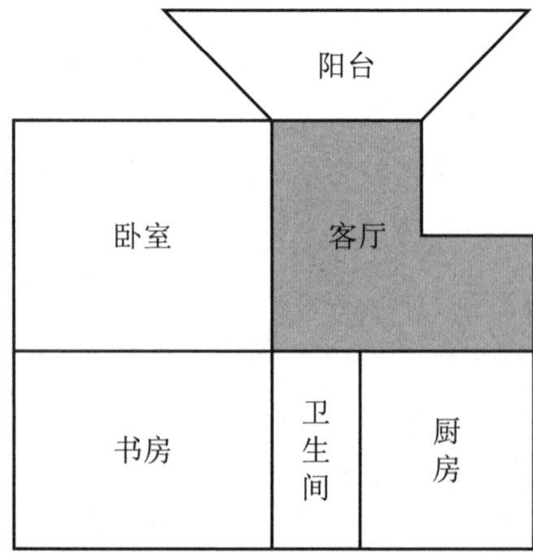

生：计算地板的面积。

师：对！房间、厨房、卫生间的地板面积，会算吧？

生：会。

师：客厅的面积，怎么办呢？

（课件演示：将客厅图抽象出来）

师：每个同学的桌子上都放有一个客厅地面的模型，小组同学讨论讨论，看看有几种好办法。

（小组同学讨论，大部分同学都用“割”的方法，把它分割成两个、三个基本图形）

生：把它分成两个长方形，求出两个长方形的面积，加起来就是客厅的面积。

师：可以把客厅看作几个基本图形组合成的图形，暂且叫它“组合图形”。

生：也可以这样分成两个长方形。

生：还可以把它分成两个梯形。

生：我是这样分的，把它分成两个长方形和一个正方形。

师：还有不同的方法吗？

生：在客厅的右上角补上一个正方形，就变成了一个大的长方形，用大长方形面积减去补上的正方形面积，就等于客厅的面积了。

师：这也是一个好办法！

（教师逐一把几种分割的图形展示在黑板上）

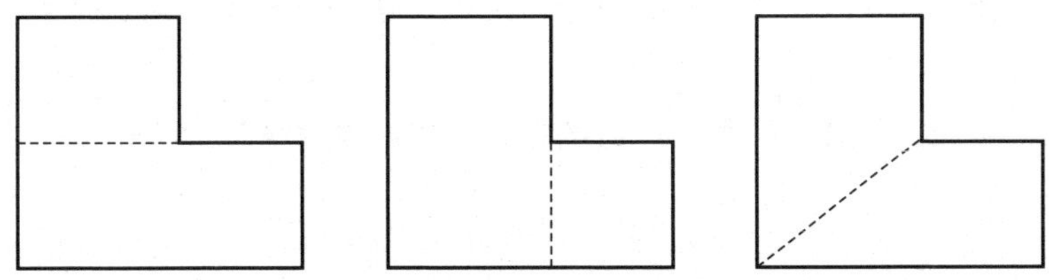

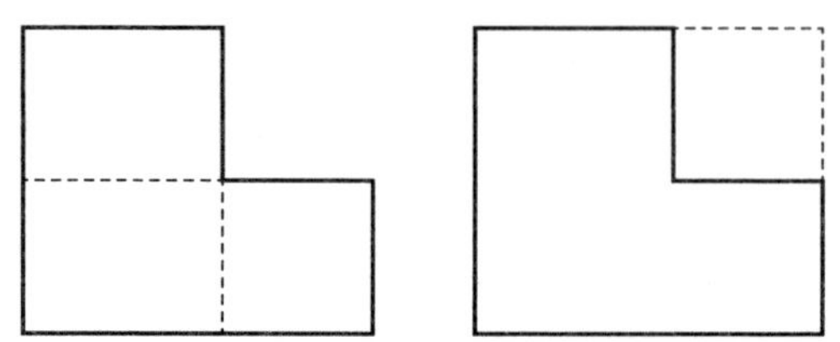

师：这五种方法有什么相同点？

生：都是把它变成几个基本图形，然后相加或相减。

师：你不仅有办法，还会动脑筋！我们把客厅这样的复杂图形叫“组合图形”，把它变成已学过的两个或多个基本图形来解决问题，这种方法叫“转化”。

师：如果对这些方法进行分类，你会怎么分？为什么？

生：割的归一类，补的归一类。

师：割的一类有五种方法，一分为二、一分为三，甚至一分为四，你喜欢哪一种？

生：分割成两个图形的更为简单。

师：我也同意，分的图形越少，步骤就越少，比较不容易出错，当然更简单。

生：老师，我发现可以把两个一样的客厅图拼成一个大的长方形，用大长方形面积除以2，不就是客厅的面积吗？

师：唉，这种方法有意思，拼给大家看看。

（学生将拼成的长方形贴在黑板上）

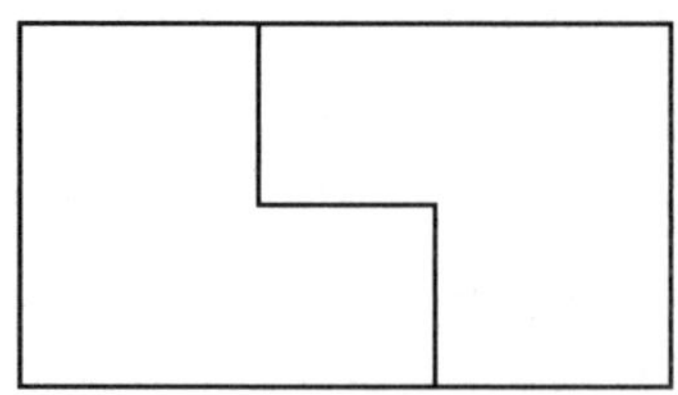

生：哎呀！我怎么没想到，三角形、梯形面积不就是这样推导出来的吗？

师：这位同学很高明，高就高在能够把以前学过的方法用上。

二、还有没有更简单的

师：刚才我们知道，把组合图形割、补成基本图形，割和补的图形越少，方法就越简单。那能不能割和补成一个基本图形呢？小组同学再讨论讨论。

（同学们议论开了，很快，有些小组先割后补成一个长方形）

生：把上面那个长方形剪下来，补在下面长方形的右边，就变成了一个大长方形了，大长方形的面积就是客厅的面积。

（学生边演示，边讲解）

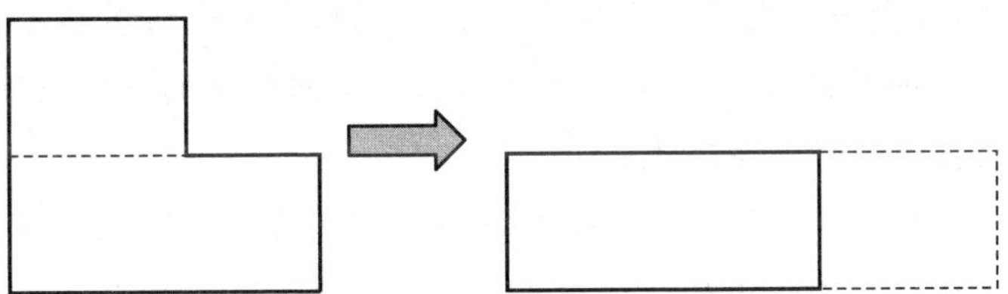

师：还可以一分为一？

生：对！对！

（教师通过课件动画演示，把客厅图割补成一个长方形）

师：其实，还有几种方法能做到一分为一，请看。

（教师用课件动画演示两种一分为一的方法）

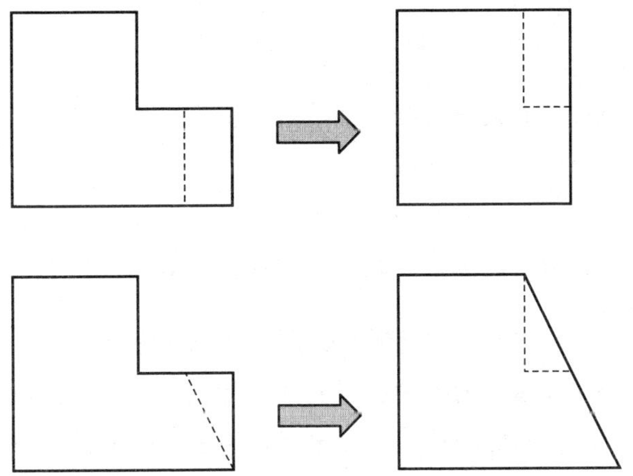

生：真神奇！

师：老师测量出了客厅几条边的长（如下图所示），请用你喜欢的方法列式计算出它的面积。

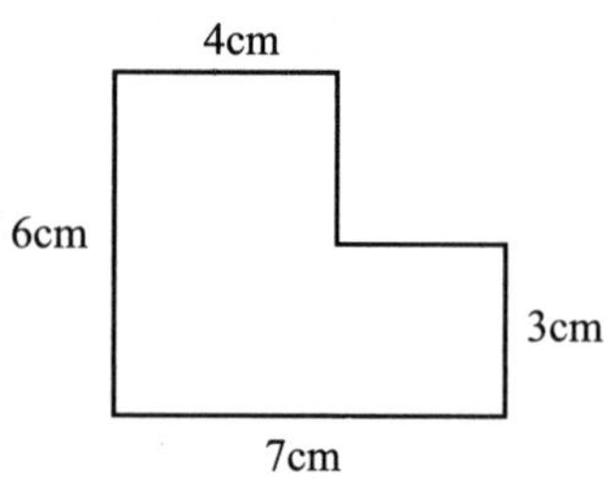

（客厅图中出现了几条边的长度。很快，大部分同学都选择运用“一分为一”的方法列式计算，教师分别请不同做法的同学板演，并请同学们比较这几种做法的优劣）

师：很清楚，大部分同学都选择了“一分为一”的方法，步骤少，很简便。如果图形中的一些数据发生了变化（如下图所示），你又会选择哪种方法解决问题呢？

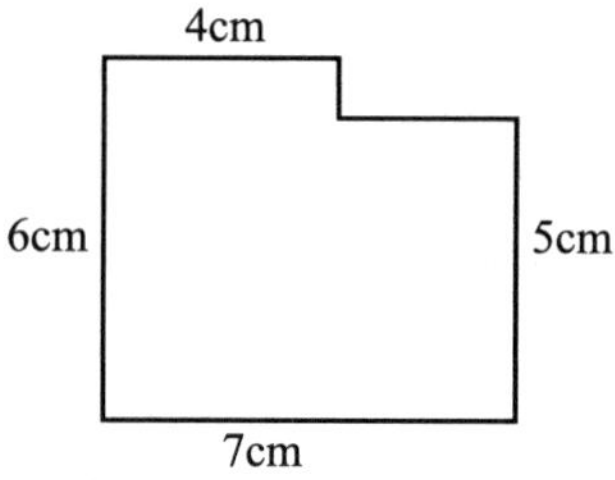

生：我会用割或者补的方法。

师：一分为一，不行吗？

生：数据变了，一分为一不好使了。

师：选择哪一种方法比较妥当，还要看数据。

三、知道哪些数据，才能求面积

师：知道了客厅的面积，买瓷砖就方便多了！家里还有一面墙（如下图所示），粉刷这面墙每平方米需要 0.5 千克涂料，一共要用多少千克涂料？

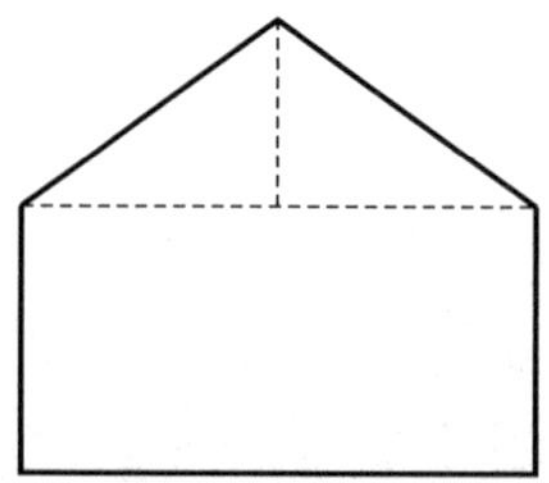

生：必须先求墙壁的面积。

生：没有数据啊！

师：想想，要量哪些边的长度。

生：上面是一个三角形，要量出三角形的底和高，下面是一个长方形，要知道长方形的长和宽。

（教师出示相关数据）

生：也可以把它看成两个梯形，量出其中一个梯形的上底、下底和高就行了。

师：现在会求了吗？

生：会了！

（学生做完后，汇报讨论）

师：在装修过程中，需要求地板、墙壁、门框等组合图形的面积，把它变成一个、两个或三个已学过的图形，问题就解决了。笛卡儿说："最有价值的知识是方法的知识。"把比较复杂的数学问题转化成已学过的简单的问题来解决，这是解决问题的最重要的方法。

［我的思考］

古人云："授人以鱼，不如授人以渔。"这句话表明"渔"比"鱼"更为重要。在学科教学中，"鱼"是知识，"渔"是方法，哪个更为重要？

知识的积累是为了方法的有效。学生为什么会把组合图形"割"或"补"成基本图形，是因为基本图形的面积是已经学过的知识，有了这方面的知识，学生才形成了相应的解决问题的方法。

方法一旦确立，就成为方法的知识。学生用多种方法求解，形成"转化"的方法，并且选择最优的方法解决问题，明白了"转化的图形越少，解决问题越简单"的道理，这就变成了新的知识。这些新的知识又能催生出新的方法。

从这个意义上说，知识与方法同等重要。

如果只是为了应试，学生只要掌握其中一种方法即可，但是不同的方法背后是不同学生不同的思维、不同的水平。教师不能满足于学生"能做"这一水平，而应该追求"做得巧"和"做得妙"。

课堂教学中展示学生的不同方法，比较不同方法的相同点（都是把未知的变为已知的）与不同点（割和补，割的个数不一样），在此基础上，并没有停下脚步，而是进一步跟进："能不能割和补成一个基本图形呢？"又一次激起了学生的探究欲望，"一分为一"的方法提示与展示，给了学生意外的惊喜。

我们不能轻易认定"一分为一"的方法最优，因为"割"和"补"的方法无须移动图形，学生容易想到，也不失为好方法。"一分为一"的引导不是刻意追求，而是为了拓宽学生思维的路径，让他们体验数学的理性精神，从数学的本质思考，这不失为最优的方法。教师引导学生展示不同的方法，分析异同，分类对比，层层推进，根据图形形状、数据以及"需要哪些数据"判断选择，通过不同方法的讨论、碰撞、认同、改变，在潜移默化中促进方法的生成与知识的同构。

3.8 该出手时才出手

——人教版三年级下册"数学广角——集合思想"课堂教学赏析

在课堂教学中，教师应该扮演什么样的角色？

教师是主导，学生是主体，主导与主体到底是怎样的关系，很难用专业语言表述清楚。在课堂教学中，如何很好地体现师生之间的关系，不是一件容易的事。本节课打算以案例的形式诠释师生在课堂中的地位与作用。

［课堂写真］

数一数——咦，怎么才 14 人

师：三（1）班参加语文课外小组的有 8 人，参加数学课外小组的有 9 人。请问：参加语文、数学课外小组的一共有多少人？

（我直截了当地提出问题，请学生抢答）

生：8+9=17（人）。

（同学们异口同声地说）

生：这么简单的问题也来问我们。

师：请看参加语文、数学课外小组的名单。请你再数一数，看看到底有多少人。

（出示统计表）

语文	杨明	张伟	刘红	陈东	王爱华	李芳	丁旭	赵军	
数学	刘红	王志明	于丽	周晓	李芳	卢强	杨明	朱小东	陶伟

生：老师，没有17人。

（还没数完，一个学生就叫了起来）

生：（一个学生激动地跳了起来）重复了，重复了！

师：到底有多少人？再数一遍。

（学生饶有兴致地数，个别同学老是重复数，引起一阵笑声。终于，数出了正确的答案。）

生：一共14人。

（热闹的课堂很快安静下来，同学们陷入了沉思）

［学生喜欢热闹，喜欢表现，从热闹的场面到安静的课堂，验证了我的设计意图产生了效果，新旧知识的强烈冲击激发了学生求知的欲望，为下一个环节的教学提供了动力。］

想一想——怎样摆更直观

师：大家想想办法，怎样让人一眼就能看出哪些名字是重复的，数起来也方便？

（教师给学生提供了磁铁和磁板，小组同学商量着摆。在小组讨论的三五分钟时间里，我了解了每一个小组同学的不同想法和摆法，并记在心里。）

（汇报开始了，各小组同学踊跃地举起了手。我清楚地记得第三小组同学是把重复的名字放在一起，于是先请第三小组汇报。）

生：我们小组把同时参加语文和数学课外小组的名字放在一起。

语文	刘红	张伟	杨明	陈东	王爱华	李芳	丁旭	赵军	
数学	刘红	王志明	杨明	周晓	卢强	李芳	于丽	朱小东	陶伟

生：老师，我们还有更好的摆法！

（其他小组抢着说。我又请第五小组展示他们的摆法，第五小组是把重复的3个名字全部放在前面三个格里，看得更清楚了。）

语文	刘红	杨明	李芳	陈东	王爱华	张伟	丁旭	赵军	
数学	刘红	杨明	李芳	周晓	卢强	王志明	于丽	朱小东	陶伟

生：老师，老师，我们的摆法不一样！

（第二小组的同学急了。他们是把重复的名字只留一个放在中间，多有创意呀！）

<table>
<tr><td>语文</td><td rowspan="2">杨明</td><td rowspan="2">刘红</td><td rowspan="2">李芳</td><td>张伟</td><td>陈东</td><td>王爱华</td><td>丁旭</td><td>赵军</td><td></td></tr>
<tr><td>数学</td><td>王志明</td><td>周晓</td><td>卢强</td><td>于丽</td><td>朱小东</td><td>陶伟</td></tr>
</table>

[这一汇报的顺序是我刻意安排的，目的是呈现一个从“原始”到“科学”（集合图）的演变过程，这也是发现与创造的过程。]

变一变——太漂亮了

师：参加语文兴趣组的同学有 8 个？把它圈起来。

（我边说边在第二小组的磁板上把参加语文兴趣组的同学的名字圈了起来，站在旁边的学生“抢”过我的笔将参加数学兴趣组的同学的名字也画了一个圈，如下表）

<table>
<tr><td>语文</td><td rowspan="2">杨明</td><td rowspan="2">刘红</td><td rowspan="2">李芳</td><td>张伟</td><td>陈东</td><td>王爱华</td><td>丁旭</td><td>赵军</td><td></td></tr>
<tr><td>数学</td><td>王志明</td><td>周晓</td><td>卢强</td><td>于丽</td><td>朱小东</td><td>陶伟</td></tr>
</table>

师：好看吗？

生：不太好看

师：让它变得好看一些。

（课件演示：统计表中的圈圈变圆了，如下图）

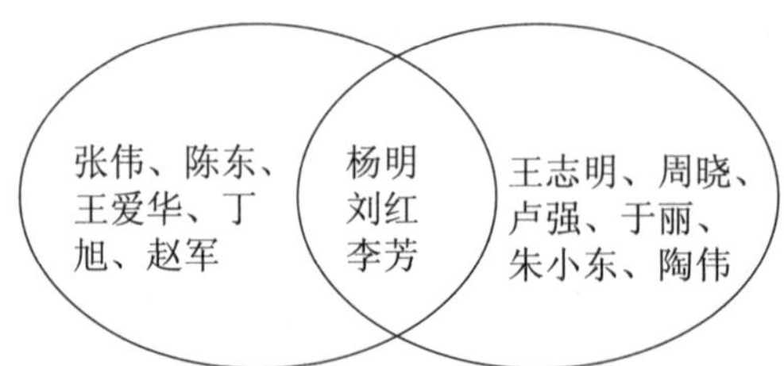

生：哇，太漂亮了！

师：怎么样，这下清楚了吧？

生：清楚了！

师：左边的名单是——

生：参加语文小组的。

师：中间的呢？

生：既参加语文又参加数学小组的同学。

师：准确地说，左边的名单是——

生：只参加语文小组的名单。

师：右边的呢？

生：只参加数学小组的名单。

师：这个图叫韦恩图，是数学家韦恩发明的……

（我介绍了集合图和数学家韦恩）

[要求小学三年级的学生“创造”出集合图，确实是强人所难，这是我在课前就预料到的，但学生通过讨论对统计表进行改进，一步步地接近集合图，已经是一个伟大的创举了。我趁势“圈一圈”、“变一变”，一个完美的集合图就呈现在学生面前了。]

[我的思考]

学生是课堂学习的主人，如何突出学生的这一主体地位？在日常教学中，我始终坚持这样一种做法：学生能做的，我不做；学生能说的，我不说；学生能讲的，我不讲（经常让学生当“老师”）。那么，什么时候该“出手”呢？

本节课，我主要做了三件事。

一是对教材上统计表中学生的名字顺序做了“手脚”。“用教材，而不是教教材”是新课程的一个很重要的理念，对教材内容（或素材）进行适当的“包装”（修改），是基于你对教材、学生以及教学的理解，以便最大化地达到你想达成的目标。教材上统计表中重复参加语数小组的学生的名字都在前面的三个位置，一目了然，而我有意把表中重复的名字放在不同的位置，使学生数人数时很乱，老是重复数，从而产生学习（怎样让人一眼就能看出）的强烈需求。

二是在学生讨论时搜集信息加以整合和利用。课堂中学生讨论并汇报“怎样摆更直观”，呈现的摆法一个比一个更科学合理，并逐步接近集合图。

这就是学生“动态生成”的认知过程,是否巧合呢?这是基于对课堂信息(学生会怎么想、怎么摆,有几种摆法)的准确把握。课堂信息从哪里来?在学生小组合作讨论的几分钟时间里,我没有“闲”着,而是参加讨论,用心捕捉(记住)各小组的摆法,并进行筛选、排序与思考,这样,“动态生成过程”的有效性才得以更好地实现。

三是在学生快到“终点”、“力不从心”时扶上一把。弗赖登塔尔说:“学习数学唯一正确的方法,就是让学生进行再创造。”由于小学生与数学家(韦恩)的思维存在差异,他们在“创造之路”上(从表到图)会遇到困难,何况接受性学习与探究性学习并不能强行分割开来,教学的艺术就在于如何把握这一“度”。在学生充分讨论、创造出多种改进方案,逐步接近目标时,“圈一圈”、“变一变”,让集合图闪亮登场。这正是“该出手时就出手”,教师的作用不正体现在这“刀刃”上吗?

“要使教育过程成为真正的师生共同参与的过程,成为真正合作的相互作用的过程。”(杜威)建立“学习共同体”,关键还是在教师。只有扮演好教师的角色,才能真正实现以学生为主体、以教师为主导、师生共同参与的课堂。

3.9 搭配中的学问是什么

——人教版三年级下册“数学广角——搭配问题”课堂教学赏析

数学课堂是关注“学生学会了没有”,还是追求“学生的思维得到发展了没有”?这是数学教学两个层次的目标要求。怎样在课堂教学中达成这两个层次的目标呢?

在省级学科带头人培训期间,我承担了一节研讨课,以三年级下册“数学广角——搭配问题”作为研讨课题。

人教版小学数学实验教材新增了“数学广角”内容,其意图是什么?我翻阅了每一册“数学广角”的内容,发现这部分内容强调数学思想与方法的渗透,非常有利于培养学生的数学思维能力。那么,“搭配问题”应该把“数学思想与方法、数学思维方式的培养与渗透”作为教学的重要着力点。

再看这一课的例题与练习,例题通过解决“2 件上衣与 3 件下装一共有几种搭配方法”的生活情境问题,找出 6 种搭配方法;练习题第 1 题通过“2

种点心与3种饮料的搭配有几种”找出6种搭配方法，第2题“从A地点到B地点有2条路，从B地点到C地点有3条路，从A地点到C地点一共有几条路”也是求出6种搭配方法。两道练习题只是与例题情境不同、方法完全相同的“巩固性”练习，环节多而实际内容少，只要求学生能找到6种搭配方法即可，它关注的是“学生学会了没有”。

教材的编排可能考虑到三年级学生的接受能力，只要求学生能找出6种搭配方法就可以了，在对学生的前测中，我发现三年级学生找出6种搭配方法并不难。如果按照教材内容走，学生的思维发展可能就会受到抑制，排列与组合的思想和方法、数学思维能力的形成就不会很充分。知识容量小，知识之间内在的联系被割裂开，容易造成教师的无效教学行为多，学生的潜能、创造力得不到尽可能的发挥。知识的容量大一些，知识之间内在的联系丰富，让学生在一个个新起点上迎接新的挑战，就会不断激起他们的探究欲望。

那么，怎样把握好难易程度？搭配中的学问是什么呢？

［课堂写真］

一、摆一摆，一共有几种

师：小红去参加演出，她有2件上衣和3件下装，要挑出1件上衣与1件下装搭配成1套衣服，最多有几种搭配方法？

（我一边出示服装图，一边提问）

生：一共有4种。

生：5种。

生：6种。

（学生议论纷纷，各执己见）

师：到底有几种？口说无凭，以小组为单位，亲自摆摆吧。

（学生摆完后，我请一位同学在黑板上摆，他摆得有些乱，其他组的同学纷纷举手。我又请一个同学上去摆，这位同学先用1件上衣分别与3件下装搭配，有3种；再用另1件上衣与3件下装搭配，也有3种：一共有6种搭配方法。这一摆法得到了大家的肯定。）

生：也可以先用1件下装和2件上衣搭配，有2种，再看有几件下装，就有几个2种。

（我用连线的方式展示以上两种方法，并表扬学生能用数学的方法计算）

师：如果再加 1 件下装，有 4 件下装，又有几种搭配方法呢？

生：一共有 8 种，1 件上衣与 4 件下装就有 4 种搭配方法，有 2 件上衣，二四得八，有 8 种。

生：也可以用 1 件下装与 2 件上衣搭配，有 4 个 2，二四得八，也是 8 种。

生：老师，刚才有 6 种，加了 1 件下装，就多了 2 种，6 加 2 得 8，是 8 种。

师：借助前面的结果推出后面的结果，简单多了！如果有 5 件下装、6 件、7 件、8 件呢？

生：每加 1 件，就多 2 种。

生；有几件下装，就用几乘 2，得几，就是几种。

师：如果是上装数量增加，你知道有几种搭配方法吗？

生：有几件上装和几件下装，就用几乘以几。

师：刚才我们从猜到摆，从无序地摆到有序地摆，到最后不用摆，因为找到了规律，用数学的办法就能很快地解决问题了。

[这一教学过程是学生从无序到有序思考，从摆实物模型（动作语言）到连线（图形语言），再到算（抽象成符号语言）的数学化过程，增强了课堂的“数学味”。]

二、算一算，一共有几种

师：有 5 种点心和 6 种饮料，如果 1 种点心配 1 种饮料，又有多少种搭配方法呢？

生：哇！有很多种。

生：大概有 20 多种吧。

（一些学生离开了实物与图，解决问题还有些困难）

（“有 30 种，对，有 30 种。”几个学生说。）

师：为什么是 30 种呢？

生：饮料 6 种，点心 5 种，6 乘以 5 等于 30，所以一共是 30 种。

（学生的表述没有让大家都满意，一些同学还紧皱着眉头）

师：小组讨论讨论为什么是30种。

（许多同学开始用画图的方式讨论）

师：这里没有提供点心与饮料，我们可以用符号表示，比如用圈表示点心，用三角号表示饮料……

（通过课件将学生的思维过程演示出来）

师：现在你知道为什么是30种搭配方法了吧？

生：1种点心与6种饮料搭配，就有6种；5种点心与6种饮料搭配就有5个6种，5乘以6等于30。

生：每种饮料与点心搭配有5种，6种饮料与点心搭配当然就是30种了。

生：噢！我知道了，就用5乘以6等于30。

师：无论数据怎么变化，方法都一样。

[用图形符号代表实物研究，是小学生训练抽象思维的一个进步。数量多的搭配问题有利于学生发现数学的规律，这才是数学的本质与核心思想。]

三、咦！不是8种？

师：有3个景点，分别是天安门、天坛和长城，用刚才的研究方法找找一共有几种参观顺序。

（课件播放3个景点的画面。为了便于讨论，把3个景点编为1、2、3号。同学们很快找到了6种参观顺序，而且能有序地思考问题，先想一个数字在前面有几种，再看有几个数字，就有几个几。）

生：先参观1号景点，就有123和132这样2种参观顺序，2号在前面有213和231，3号在前面有312和321。一共是6种。

师：有顺序地排列，既不会重复，也不会遗漏。

生：知道1个景点在前面有2种顺序，3个景点就有6种搭配顺序。

师：知道1个景点有几种搭配，几个景点的搭配就可用数学的方法算出来。如果有4个景点，一共有几种参观顺序呢？猜猜看。

（屏幕上出现了第四个景点的画面。大家异口同声地说："8种！"显然，学生受到了刚才搭配思维的干扰。）

师：正确的答案不是8种，不信，你写写看。

（同学们认真地在本子上写着，不一会儿，多数同学都写出了10种以上，不知谁叫了起来）

生：哇，有20多种！

生：怎么会有那么多？

师：是啊，怎么不是8种呢？

生：这次搭配跟刚才不一样，是有先后顺序的。

师：到底是几种？怎么找？

生：先写1号在前面的有几个排列方法。

师：大家把1号在前面的排列顺序找出来。

生：1234。

生：1324。

生：12后面还有1243。

师：对！ 12在前面的有2种。那13在前面的有几种呢？

生：也有2种，1324和1342。

师：接下来是——

生：14在前面的也有2种。

师：1号在前面的还有吗？

生：没有了。

师：1号在前面的一共有6种参观顺序。2号、3号、4号景点在前面的各有几种？

生：也是6种。一共是6乘以4，等于24，24种。

师：有意思吧？

生：有意思！

师：解决这个问题的关键是什么？

生：先算一个数字在前面的有几种。

师：这个同学"算"字用得好，一个一个地写，要花很多时间，写了一部分，发现规律了，用算就快了！

（同学们的脸上露出了甜美的微笑）

生：如果有5个景点呢？

师：想试试吗？

生：想。

（下课的铃声响了，5 个景点的搭配问题，我让同学们课后去讨论。第二天，江文元同学来到办公室，告诉我 5 个景点有 120 种参观顺序，6 个景点有 720 种参观顺序……而且找到了其中的计算规律。多聪明的孩子啊！）

[我的思考]

听课教师议论的焦点是“三年级只要掌握简单的排列组合问题（能找出 6 种）就可以了，你让他（她）找十几种甚至几十种，是否太难了”，“这节课上得很精彩，就是拔得太高了”。是啊！这节课没有按教材走，内容超越了教材，教学目标是否定得太高？

课堂教学内容是“深”好,还是“浅”好呢？又如何把握这个“度”呢？降低教学内容的难度，与培养创造性思维能力和问题解决能力的时代要求是背道而驰的，“倘若内容平易，是不能创造性地展开思维能力的教育的。以低级的思维处理高层次的内容是可能的，但以低层次的内容培养高级的思维是不可能的”（佐藤学）。但不管怎样，教学内容都不是越难越好，应把握在学生“最近发展区”的框架之内。

什么是“最近发展区”？维果茨基把儿童能够独立达成的水准与经过教师和伙伴的帮助能够达成的水准之间的落差，叫作“最近发展区”。探索 2 件上装与 4 件、5 件……下装有多少种搭配方式，4 个参观地点有多少种参观顺序，对于三年级学生来说，似乎难度太大。如果基于学生的独立思考、个体探究，或许是这样的；而在合作学习的基础上，探索较难的、挑战性强的问题则是可能的。

在探索 2 件上衣与 3 件下装搭配、3 个参观地点的排列与组合问题时，学生已经历了从生活经验到数学化的过程（找到了求解的方法），而 2 件上衣与 4 件、5 件等下装，4 个参观地点有多少种搭配方法问题求解的方法与前面求解的方法是一致的,学生利用这一方法有可能解决“难”一些的问题。搭配中的学问不在于能找出多少种，更重要的是，让学生经历这一“过程”，充分地感受数学的思想与本质规律。

如果学生在 3 个景点、6 种顺序求解过程中出现了较大困难，花费了较多时间，可能我就不会呈现 4 个景点的问题了。因此，教学内容的难易程度应该由学生说了算，而不是由教师和教材说了算。

3.10 策略，不知不觉地形成

——北师大版一年级下册“乘船”课堂教学赏析

2011 年 4 月，福建师范大学课程中心的王永老师给我提供了一个北师大版一年级下册“乘船”的教学设计，我非常感兴趣。在“曙光工作室”教学开放活动中，我斗胆上了这堂课。

好多年没上一年级的课了，心里没底，就在正式公开课之前借班试上了一次，颇有收获，当晚就对初案作了调整。第二天上课前，心里还是没有把握，一个一个问题反复地琢磨。

一问：这节课是侧重于问题解决，还是侧重于混合运算？

新课程背景下的教材把计算教学与解决问题结合起来，在具体的情境下产生计算的需要，有利于体现计算的价值、理解计算的算理、掌握计算的方法。在实际教材中，在一个课时里，既要讨论解决问题的策略，又要达到熟练地计算，鱼和熊掌很难兼得。注重解决问题的策略，计算就没有足够的时间训练；侧重计算的训练，分析问题、解决问题就很难做“透”，解决问题的能力培养就会受到削弱。那么,就要对课时内容做科学合理的安排。

这节课，主要侧重于问题的解决，理解两步计算的问题就是把它分解成两个简单的、学生熟悉的一步计算的问题来解决，并能把两个算式综合成一个算式。第二节练习课则侧重于连减综合算式的计算训练。这样，鱼和熊掌就可兼得也。

二问：如何用好主题图，培养学生的问题意识？

在解决问题内容的教学中，应当注重学生问题意识的培养，在具体的情境中产生数学问题。数学问题不应是教师给的，而应是学生根据情境自发提出的，是一种需要，变“要我解”为“我想解”。

一年级学生刚接触两步计算的问题，从一步计算到两步计算的“门槛”比较高，教材情境图中虽然出现了两条船，但学生提出两步计算的问题可能还有一定的困难，有必要给学生搭一个合适的“脚手架”，从一步计算的问题开始，两步计算的问题就应运而生了。一步计算的问题的提出与解决，有利于“一步”与“两步”的过渡与比较，容易形成两步问题解决策略，一举两得。

三问：如何形成解决两步计算问题的策略？

把一个比较复杂、陌生的问题分解成两个简单、熟悉的问题来解决是解决稍复杂两步计算的问题的策略，形成解决问题的策略需要充分利用学生已有的生活经验与知识储备。生活在沿海城市的学生对“乘船”非常熟悉，之前又解决过大量一步计算的数学问题，已掌握了一步减法的计算方法，很快就能判断“一条小船不够坐”，“再来一条船还是不够坐”，从而产生“还有多少人不能上船”的问题。在此过程的背后，学生已经对“乘一条小船还剩多少人”和“乘两条船还不够坐”做了估算，实际上已经经历了从“一步”到“两步”计算的解决过程，解决问题的策略不知不觉地就形成了。

[课堂写真]

一、提出问题

师：同学们，去过鼓浪屿吗？

生：去过。

师：二年级 92 位同学组织去鼓浪屿游玩，到和平码头乘船，船在哪里呢？

生：是啊，船呢？

师：呜……先锋号船来了！

（课件演示：能载 26 人的先锋号船徐徐驶来）

师：没问题吧？

生：不够坐。

师：为什么？

生：这条船可乘 26 人，一共有学生 92 人，所以不够坐。

师：这位同学观察得很仔细，通过这两条信息，你能提出什么数学问题？

生：还有多少人不能上船？

师：怎么办呢？还是乘大一些的船，呜……大船来了。

（课件演示：能载 44 人的希望号徐徐驶来）

生：还是有问题，还是不够坐。

师：你能再提一个数学问题吗？

生：还有多少人不能上船？

师：是啊！单乘一条船，无法满足要求，怎么办呢？两条船一起上，不就解决问题了吗？先锋号，你回来……

（课件演示：先锋号船回来了）

生：不行，不行，两条船都不够坐。

师：为什么？

生：小船可乘 26 人，大船可乘 44 人，一共有 92 人，还是不够坐。

师：画面上给我们提供了三个信息，你还能提出哪些数学问题？

生：两条船一共可乘多少人？

生：还有多少人不能上船？

师：同学们真行！提出了四个问题，如果把这四个问题分为两类，你会怎么分？为什么？请小组同学商量商量。

（学生分组讨论）

生：前三个问题为一类，一步就能算出来，最后一个问题为一类，要两步。

师：今天，我们就来研究解决第四个问题的办法。

二、解决问题

师：能解决这个问题吗？试试看。

（学生在练习本上写，教师观察）

师：做完了，把你的想法告诉同学，互相讨论讨论。

（学生讨论）

师：哪个同学来说说，你是怎样想的？

生：先求小船坐满26人后，还剩多少人：92−26=66（人）。再求大船坐满后还剩多少人：66−44=22（人）。

生：先求大船坐满44人后，还剩多少人。92−44=48（人）。再求小船坐满后还剩多少人：48−26=22（人）。

师：还有没有其他方法？

生：先求两条船一共坐多少人：26+44=70（人）。再求还剩多少人：92−70=22（人）。

师：这位同学的“先求什么”、“再求什么”告诉我们：刚才想法虽然不同，但有一点是相同的，就是解一个比较复杂的问题，可以变成两个简单的问题来解决，

师：怎样把两个算式变成一个综合算式？

生：92−26−44=22（人）。

生：92−44−26−22（人）。

生：92−44+26=22（人）。

生：好像不对，第二个算式和第三个不一样，答案怎么会一样呢？

师：你观察得很细致！我们来看看，92 减 44 等于 48，48 再加上 26 等于——

生：74。

师：唉，不会等于 22 呀！

生：我是先算 44 加 26。

师：要先算后面的 44 加 26，必须用上一个新的符号，等下个学期再去研究它。

师：同学们，当我们遇到乘船中的三个信息，一步计算不能解决问题时，可以把这个较为复杂的问题变为两个简单的问题：先求什么？再求什么？

（板书：先求什么？再求什么？）

师：两条船还是不够用，需要其中的一条船返回来接人，哪条船返回比较合适？

生：小船合适，比较不浪费。

师：出外旅游要节省开支。

三、综合运用

师：咱们一年级同学喜欢读书，各班踊跃订购报刊，请看。

（出示统计表）

机灵狗不小心把订报刊的统计表弄脏了。

	《儿童报》	《小画报》	《小故事》	合计
一班	26	32	39	
二班		37	40	98
三班	28		45	99
四班	34	3	2	100

师：出现什么问题了？

生：机灵狗把统计表弄脏了。

师：你能把它变回去吗？大家试着把它变回去。

（学生先独立思考，解决问题，再与同桌交流，然后汇报）

师：一班订报刊的总数是多少？怎么算？

生：26+32+39=97（本）。

师：把三种报刊的数量加起来，就是合计的数量了。二班订了多少份《儿童报》？又怎么算？

［课件出示：（　）+37+40=98］

生：98−37−40=21（份）。

师：用总份数减去《小画报》和《小故事》的份数，剩下的是《儿童报》的份数。再看看，三班订了多少份《小画报》？

生：99−28−45=26（份）。

师：四班的《小画报》和《小故事》订的份数都弄脏了，又怎么把它变回去呢？

生：个位是10减去4，再减去2，是4，因此，《小画报》有34份；十位上用9减去两个3得3，《小故事》有32份。

师：真聪明！再算一算，34加34，再加32，是不是100？

生：是100。

师：在同学们的帮助下，机灵狗又可以去邮局订报刊了！